KB081978

10대들의 우리 동네 아카이브

다 같이 돌자
동네 한 바퀴

10대들의 우리 동네 아카이브

다 같이 돌자 동네 한 바퀴

2021년 1월 18일 제1판 제1쇄 발행

엮은이 최은숙
지은이 공주여중 청소년 마을지기 동아리 지음
펴낸이 강봉구

펴낸곳 작은숲출판사
등록번호 제406-2013-000081호
주소 413-120 경기도 파주시 신촌로 21-30(신촌동)
전화 070-4067-8560
팩스 0505-499-8560

홈페이지 http://cafe.daum.net/littlef2010
이메일 littlef2010@daum.net

ISBN 979-11-6035-103-3 43980
값은 뒤표지에 있습니다.
특별 부록 <공주 원도심 구석구석 돌아보기 지도>는 충남역사문화연구원에서 제공해주셨습니다.

10대들의 우리 동네 아카이브

다 같이 돌자 동네 한 바퀴

최은숙 엮음

공주여중 청소년 마을지기 동아리 지음

작은숲

차례

2부 다 같이 돌자 동네 한 바퀴

3부 엄마 아빠의 '나 때는'

4부 어제의 오늘, 오늘의 어제

10대 청소년의 공주 아카이브, 《다 같이 돌자 동네 한 바퀴》

1

지금 제가 만나는 중학교 학생들과 같은 나이였을 때 저는 '고향'이라는 말을 좋아하지 않았습니다. 고향이란 고인 물처럼 지루하게 갇혀 있는, 오래된 건물처럼 삐걱대며 낡아가는 삶을 가리키는 말 같았습니다. 가능하면 도시로, 그 도시를 발판 삼아 더 큰 도시로 나가서 새로운 풍경과 문명 속에서 자유롭고 활달하게 살고 싶었습니다. 우리 학생들도 비슷합니다. 요행 난개발을 피한 장소의 조용함, 훼손되지 않은 낡음, 보존되거나 사라진 옛 삶의 흔적, 이제 저의 눈에 귀하게 들어오기 시작한 학생들의 고향 공주가 그들에겐 나중에 돌아오더라도 일단은 '떠나고 싶은 장소'입니다. 그 마음을 십분 이해하고 동의합니다. 서울은 물론 런던으로 뉴욕으로 헬싱키로 프라하로 모스크바로 인도로 날아다니며 좁은 틀에 갇히지 말고 살아보라고 응원하고 싶습니다.

그런 정서를 가진 저와 학생들이 마을(지역) 공부를 해보기로 한 것은 그곳이 어디든 우리의 삶은 구체적인 어떤 장소에서 펼쳐지기 때문입니다. 삶의 기반이 되는 장소에 대한 이해 없이는 그곳과 제대로 된 관계를 맺을 수 없고, 관계가 허약한 삶은 공동체의 일원으로서 의무도 권리도 온전하게 갖기 어렵다고 생각하기 때문입니다. 지금 내가 사는 공주는 어떤 곳인지, 나아가 어떤 곳이 되었으면 하는지, 내 삶의 터전을 어떻게 대해야 하는지, 기품 있는 터전을 잃지 않기 위해 가져야 할 관점과 태도는 무엇인지 학생 시절에 배울 수 있다면, 앞으로 어딘가에서 살아가는 동안 자신이 한 지역의 소중한 시민이라는 자긍심과 책임 의식을 가질 수 있지 않을까, 그들의 고향이 되는 모든 장소와 시간에 좋은 영향을 끼치며 살아갈 수 있지 않을까, 기분 좋은 꿈을 꾸어보았습니다.

꿈은 그러했으나, 코로나19로 인해 학생들은 6월이 되어서야 등교했고 그것도 격주로 만나야 했습니다. 처음 부딪힌 온라인 수업의 다양한 상황을 헤쳐나가느라 교사들도 여력이 없었습니다. '10대 청소년의 공주 아카이브'라는 야무진 목표가 얼마나 허술한 모습으로 표현될지 알고도 남을 것 같았습니다. 그런데도 청소년의 눈으로 본 공주 이야기를 한 권의 책으로 묶겠다는 계획을 접지 못한 것은 동아리 학생들이 써오는 글 때문이었습니다. 잘 쓴 글이라서가 아니라 애쓴 흔적이 역력한 글 속에서 생소한 과제 앞에 선 학생들의 막막함이 읽혀서였습니다. 그래도 어떻게든 언덕을 넘어보려고 인터넷 자료를 검색하고 할머니 댁을 찾아가고 공산성을 오르내리고 바쁘신 부모님께 인터뷰를 청하면서 글을 쓰는 학생들이 거꾸로 제 마음을 격려했습니다. 학생들에게 충분한 도움을 주지 못하여 고생을 시킨 것이 미안하고 저의 무능이 부끄러웠습니다. 그러므로 이 책에 묶인 것은 공주 이야기를 넘어 공주 이야기를 쓴 학생들의 노력과 끈기라고 하는 게 맞을 것 같습니다.

공주대학교 공주학연구원에 도움을 청해 다양한 활동의 방향을 안내받았습니다. 책임연구원인 고순영 박사님께 세세한 방법을 배우고 선물도 받은 그 날이 동아리 활동의 의미 있는 첫날이었습니다. 공주학연구원에서는 동아리 학생들이 함께 움직이는 날엔 버스를 보내주었고 문화해설사 선생님도 만나게 해주었습니다. 어렵게 글을 써본 학생들은 선생님의 말씀을 놓치지 않으려고 메모하고 사진 찍으며 더위에도 추위에도 불평하지 않아 강의하시는 선생님들의 칭찬을 듬뿍

받았습니다. 저는 지역을 공부하고자 하는 동기가 학생들에게 생긴 것이 기뻤고 이렇게 멋진 아이들과 함께 무엇인가를 도모하는 일이 즐거웠습니다.

2

《다 같이 돌자 동네 한 바퀴》는 총 4부로 구성했습니다. 1부, '우리 동네'는 사라진 옛 마을 지막골 이야기와 우리 학교 공주여중이 있는 교동, 그리고 학생들이 사는 마을 이야기를 담았습니다. 2부, '다 같이 돌자 동네 한 바퀴'는 감영길을 비롯해 나만 알고픈 길 등 자신이 좋아하는 장소 이야기를 모았고 3부는 부모님의 어린 시절, 학창 시절을 인터뷰하여 부모님이 회상하는 공주의 옛 모습을 '엄마 아빠의 나 때는'이란 제목으로 묶었습니다. 4부, '어제의 오늘, 오늘의 어제'는 제민천과 공산성 · 무령왕릉과 같은 사적지, 그리고 송장배미에 다녀와서 쓴 글입니다. 어른들과 달리 아이들의 시선은 엉뚱하고 가볍습니다. 대상을 해석하는 방식 또한 새로운 의미의 공주 이야기라는 생각이 들었습니다.

글을 쓰면서 공주가 시골이 아니라 한 나라의 수도였으며, 충청도에서 가장 큰 감영 도시였고, 일제시기 선교사가 활동하던 무대였고 극장에서 영화를 보던 대도시였다는 것을 학생들은 알게 되었습니다. 구석기 사람들이 살다 간 흔적부터 삼국시대, 조선, 근대에 이르기까지 두터운 시간이 켜켜이 쌓인 곳이 공주였습니다.

과거의 이미지를 현재에 복원한 장소를 찾아다니면서 역사적 자료를 공부하기보다는 가능하면 '역사'라고 불리는 장면들로부터 우리가 무엇을 배워야 할지 학생들과 이야기하고 싶었고 과거의 공주가 현재 우리 공주의 자산이 되었듯 우리의 지금도 미래에 주는 선물이 되게 하려면 어떻게 해야 하는지를 청소년 마을지기 동아리의 주제로 삼고 싶었습니다. 이 바람도 역시 미완성으로 남았지만, 첫걸음을 어렵게 떼었다는 것으로 위안을 삼고자 합니다. '다 같이 돌자 동네 한 바퀴'를 하면서 뭉클했던 순간 중의 하나를 꼽으라면 한 학생이 가져온 엄마의 어린 시절 사진을 보았을 때입니다. 검정 고무신을 신은 어린 엄마가 동생을 업고 있고 엄마의 엄마로 보이는 어른이 마당에 쪼그리고 앉아 석유 곤로에 프라이팬을 올려놓고 있었습니다. 주위에 아이들이 많았습니다. 김치전을 부치는 것일까요? 아이들은 간식을 기다리고 있겠지요. 마당에 소와 사람이 함께 있는 사진 한 장을 보면서 눈물이 날 것 같았던 것은 상실감, 그리움 때문이었을까요? 가난하고 다정한 삶, 터전을 파괴하거나 해를 끼치지 않는 삶. 복원 불가능한 삶의 방식. 사진 속에 담긴 그것을 보면서 '우리의 지금이 미래에 주는 선물이 되게 하려면' 어떻게 해야 하는지 해답의 실마리가 될 수 있겠다고 생각했습니다. 시간의 모형을 만들어낼 필요가 없도록 불편함을 조금 참고 가치를 보존하는 삶의 중요성을 교사인 저는 늘 마음에 두고 있어야 학생들에게 하는 저의 이야기가 달라지겠지요. 동아리 활동이 제게 준 보람은 깜빡 잊고 산 그런 생각을 떠올리게 된 것입니다.

3

지역의 청소년에 대한 관심과 지지는 젊은 공주를 위한 가장 튼튼한 토대라고 생각합니다. 그런 의미에서 이 활동을 응원해주신 김정섭 시장님과 최창석 문화원장님께 깊이 감사드립니다. 소중한 지도를 제공해주신 충남역사문화연구원에도 고마운 인사를 전합니다. 지역을 공부하고 생활의 소중한 자료와 이야기를 모으는 활동을 학생들이 시작했다는 사실 자체가 중요하다고 주위에 계신 선생님들께서 수시로 격려해 주셨습니다. 즐거운 이야기 한마당을 펼쳐 주신 공주여중 선생님들, 우리 학교 선생님뿐 아니라 학생들을 돕기 위해 학교로 찾아와 주시거나 일터에서 만나 주신 선생님들, 탐방에 동행해 주신 해설사님,

인터뷰에 응해주시고 사진을 제공해 주신 학부모님들, 동아리 활동을 늘 응원해주신 박영순 선생님, 아낌없는 조력과 영감을 주는 석정훈 국어선생님, 학생들이 찍은 초점이 안 맞는 사진의 장소를 찾아 추위에 떨며 다시 사진을 찍어 주신 김영희 선생님, 박혜란 선생님 그리고 양은경 선생님을 비롯한 감영길의 작가 선생님들, 지막골의 집터 사진을 주신 윤여관 선생님, 학생들에게 많은 자료를 제공해 주신 공주대학교 공주학연구원의 이찬희 원장님, 어떤 걸림돌이든 마음을 다해 해결해 주시는 이세진 교감 선생님, 책의 시작과 과정과 마무리까지 어려움 없이 일할 수 있도록 도와주신 정재근 교장 선생님께 감사 드립니다. 수많은 도움과 응원 속에 우리가 있었다는 것을 학생들이 기억했으면 합니다. 고마움을 담아 서툰 우리 책에 감히 '10대들의 공주 아카이브'란 이름을 붙여봅니다. 소박하고 사소한 우리의 일상이 언젠가는 우리가 찾느라 애썼던 자료가 될 수 있다는 것을 잊지 말고 소중하게 꾸려 나갔으면 좋겠습니다.

2021년 새해를 맞이하며

최은숙

향교1길
Hyanggyo 1-gil
30-6

우리 동네

지막골 이야기

이시민 1학년

지금부터 내가 써 내려갈 이야기는 공주시 금학동 지막골에 대한, 실제로 그곳에서 나고 자라고 지금도 살고 계신 조성일 선생님께서 해주신 이야기이다. 지막골은 공주여자고등학교 근처에 있는 마을이다. 지금은 '생태공원'과 '수원지'로 알려진 바로 그곳인데, 지막골도 위, 아래가 있어서 생태공원이 있는 아랫마을은 큰골, 작은골로 나뉘어 산 위로 올라가는 윗마을에 비하면 사는 형편의 '끕'이 다른 대처라고 할 수 있다. 내가 이야기하려는 마을은 윗마을이다. 나는 세상에 나온 지 14년밖에 되지 않은 여중생이다. 60~70년대 이야기는 까마득하게만 느껴지는 나이이다. 그래서 이 이야기를 잘 전달할 수 있을지 모르겠다. 나는 이 이야기를 이렇게 시작하고 싶다.

옛날 옛적에, 지막골 나무꾼이 막걸리 한잔 걸치고 노래를 흥

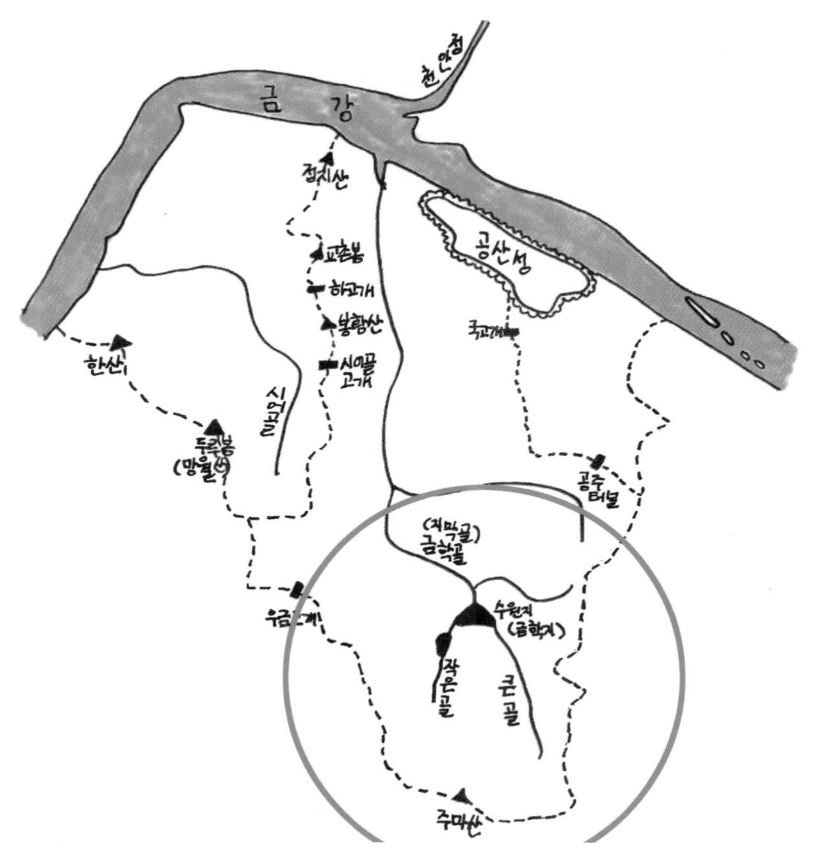

3학년 오채은 그림

얼대며 집에 가던 시절에.

'커피나무'의 사장님이신 조성일 선생님은 '그리운 시절'이라고, 지금 다시 살라고 한다 해도 늘 택하고 싶은 그리운 삶이라고 말씀하셨다. 나는 고개를 갸우뚱했다. 주변 어른들은 항상,

"그때는 진짜 먹고 살기 힘들었지. 너네는 복 받은 거다. 나 때

는 하루에 세 끼 챙겨 먹기 힘들었어."라고 귀에 딱지가 앉도록 말씀하셨기 때문이다. 조성일 선생님도 참 먹고살기 힘들었다고 하셨다. 더군다나 지막골은 공주에서 가장 가난한 사람들이 살았던 동네였다. 하지만 선생님은 그때 태어난 사람들이 정말 복 받은 사람들이라고 하셨다.

"인류사에서 대한민국에 내 나이로, 50년대, 60년대 태어난 사람들은 정말 복 아닌가 싶어. 그 시절부터 이 시절까지 보고 있으니까. 난 이게 발전이라는 것이 수긍이 안 돼. 그냥 진행일 뿐인 거지. 그 시절에도 그냥 살았거든. 그냥, 살았거든."

선생님의 말씀을 들으면 '으응?' 하는 사람도 있을 것이다. 하루에 세 끼도 못 먹고 산 그 시절이 왜 그리운 걸까? 하고 말이다. 선생님께서 들려주시는 지막골 이야기를 다 듣기 전엔 나도 그랬다. 말씀을 듣고 나니 그 시절보다 우리가 사는 지금이 훨씬 낫다고 단정 지을 수는 없을 것 같다.

"그 동네가 있는 산이 주미산인데, 우금티 너머 오곡동 쪽에서 보면 굉장히 큰 산이란 걸 알 수 있어. '큰 산 밑에는 먹을 게 있다'고, 공주에서도 가장 먹고살기 어려운 사람들이 하나, 둘 모여 살았어. 가진 것 하나 없고, 갈 데 없는 사람들이 모여 산 거지. 한 스물다섯 채, 여섯 채 정도 있었을 거야. 지금으로 따지면 죄다 무허가 집들인데 그 당시에 그런 개념이 있었겠니. 그냥 살았던 거지. 농토가 있어야 농사라도 지어 먹고 사는데 산골이니까 농사도 못

지었지. 널린 게 나무라 나무를 해다 팔았어. 공주의 나무는 다 지막골에서 나왔어. 그때는 시내 사람들도 나무를 땠지. 제민천 알지? 그 제민천에서 나무를 팔았어. 지금 바흐 있는 언저리, 그리고 한일당 약방 있는 데, 두 군데 나무전이 있었어. 눈이 쌓이면 신발에 새끼 감발 치고 나무 지게를 지고 가는데 나뭇짐이 커서 사람은 안 보여. 나무 지게만 주욱 걸어가는 거여."

선생님은 그렇게 말씀하시곤 마스크 위로 보이는 눈을 휘익 접으시면서 웃음을 터트리셨다. 추억에 젖으신 선생님의 눈동자에 허연 눈 위에 떠 있는 나무 지게가 아른거리는 듯했다.

"내 나이인 사람들은 초등학교를 졸업하면 다 일을 했어. 너희 나이지. 공주교대 알지? 교대 맞은 편에 직조공장들이 있었어. 여자아이들은 거기 다녔고 남자아이들은 주로 양복점, 중국집, 이발소에서 일했지."

내 나이에 공장에 다녔다니. 말간 얼굴에 하얀 손을 한 내 또래의 친구들을 떠올려 보아도 도저히 그런 시절이 있었다는 게 믿기지 않는다.

"아, 그 시절에 좋은 직업도 있었어. 땜쟁이라고. 양은 냄비 알지? 라면 끓여 먹는 그 냄비. 냄비를 쓰다 보면 구멍이 나거든. 구멍을 때워주는 사람을 땜쟁이라고 불렀어. 나무 상자에 도구를 실어서 돌아다녔는데, 좋은 직업이었지. 전문직이었어. 또 한약방에 가면, 한약 첩이라고 아니? 한약 첩 싸매는 끈을 칡으로 만들거든.

지막골에 널린 게 칡 아니겠냐? 그 칡넝쿨을 물에 담가 풀어서 하나하나 꼬아서 실타래 뭉텅이처럼 만들어 한약방에 팔았지."

땜장이 이야기를 하시면서 조성일 선생님과 국어 선생님은 한바탕 웃음을 터트리셨다. 나는 두 분이 웃으시는 것을 가만히 지켜보았다. 무언가를 같이 추억하고 공유한다는 것은 참 좋은 일이라는 것을 새삼 깨달았다. 60년대, 70년대 사람들은 양은 냄비도 때워가며 쓰고 한약을 묶는 끈도 칡으로 만들어 썼다는 것이 선생님께서 하시고 싶은 중요한 이야기 중 하나라는 생각이 들었다. 쓰레기가 나오지 않는 삶이 불가능해진 지금, 칡끈과 전문직 땜장이의 이야기는 신비롭기까지 했다. 다시 선생님은 나무장수 이야기를 이어가셨다.

"저녁나절에 나무를 판 돈으로 고무신도 사고, 막걸리도 사고, 생선도 사고, 하는데 지금은 생선 손질을 다 해서 용기에 담아 주잖아? 예전에는 그냥 생선을 통째로 주는 거야. 비닐도 없고 쇼핑백, 가방은 더더욱 없었는데 어떻게 들고 갔겠어?"

커피나무에서 함께 인터뷰를 한 현주가 지게에 매달고 갔을 거라고 대답했다.

"그렇지. 나무 지게에 대롱대롱 매달고 걸어가는 거지. 아이들은 어른들이 올 때 뭐 사 오시나, 생각하면서 기다리고 있고. 막걸리 한잔 걸치고 흥얼흥얼 노래를 부르면서 생선을 매달고 가는 그 기분이, 얼마나 행복했을까?"

마스크에 가려 있었지만, 선생님이 미소 짓고 있다는 것을 한 눈에 알 수 있었다. 퇴근할 때 치킨을 사 오는 우리 아빠를 떠올렸다. 예나 지금이나 아빠들의 마음은 똑같나 보다.

"근데 나무를 못 판 사람도 있었어. 내 친구 아버지도 제민천까지 갔는데 못 판 거야. 나무를 다시 지고 와서 지게를 뒤로 젖히고 마당에 나무를 넘기면서 한숨을 푹 쉬셨대. 그 친구는 아직도 그 한숨이 기억에 남아있다고 해. 참, 그 심정이 어땠을까 싶어."

그 심정이 어땠을까, 나도 어렴풋이 짐작해 보았다. 식구들을 먹여 살려야 하는 가장의 무게가 담긴 한숨이 내게 전해지는 것 같아 몸이 흠칫 떨렸다. 잠깐의 상상에 미끄러지는 볼펜을 다시 꽉 쥐고 선생님의 말씀에 귀 기울였다.

"그리고 이건 예전에는 다 그랬던 거지만 항상 뭘 씻을 때는 냇물에 가서 했어. 흐르는 물에 빨래도 하고 목욕도 했지. 여름만 되면 위로 올라가서 아낙들이 목욕을 하고, 겨울에는 얼음을 깨서 빨래를 했지."

지금은 수도만 틀면 뜨거운 물이 콸콸 쏟아져 나오는데 한겨울에 얼음을 깨고 빨래를 하려면 얼마나 추웠을까. 괜히 손이 찌릿해 핫초코를 한 입 들이켰다. 뒤늦게 난 참 편한 세상에 살고 있다는 생각이 들었다. 입안의 단맛이 사라지고 쌉싸래한 뒷맛이 느껴졌다. 재미있는 이야기를 해줘야겠다고 말씀을 다시 시작하면서 선생님의 눈은 벌써 웃고 계셨다.

"옛날에는 군대에 안 가거나 탈영을 하면 헌병이 잡으러 왔거든. 근데 지막골 청년이 휴가를 나왔다가 안 돌아간 거야. 그래서 헌병들이 잡으러 왔지. 그때는 차가 없었기 때문에 지프차 소리가 덜덜덜 들리면 아, 잡으러 왔구나. 하고 산으로 홀랑 올라가 버렸어. 그럼 어떻게 잡아. 산에서 찾기 어렵지. 그렇게 몇 번을 잡으러 왔다가 둘러보니까 집안 형편이 너무 안 좋은 거야. 공주에서 제일 어려운 마을이었다고 했잖아. 형편이 너무 어렵다, 이 사람은 집에 있어야겠다, 하고 상부에 보고해서 나라에서 그냥 풀어줬어."

"허술하네, 허술한 게 참 좋다."

하고 국어 선생님께서 우릴 보고 웃으셨다. 얼마나 가난했으면 풀어주었을까.

"인정이 통했던 거지. 그래서 그 엄마가 자기 아들 풀어줘서 고맙다고 떡을 두 말이나 해서 머리에 이고 강원도 부대까지 가서 돌렸어."

다시 한바탕 웃음바다가 되었다. 이번에는 나도 웃었다. 나라에서 마을 형편이 너무 안 좋다고 그냥 풀어주고, 그 엄마가 부대에 고맙다고 강원도까지 떡을 이고 가시는 모습을 상상해보니 조금 전 국어 선생님의 말씀이 이해되었다.

'허술하네. 허술한 게 참 좋다.'

"참, 지막골에 나무 장사를 하던 형제가 노래를 그렇게 잘했어. 정식으로 들어본 적은 없었는데 나무를 팔고 막걸리 한잔 걸

치면 노래를 흥얼거렸거든. 근데 내가 군대에 있을 때 텔레비전에서 전국노래자랑을 보고 있는데 그 나무장수 형제 중에 형이 나오는 거야! 노래를 잘하는 줄은 알았지만 그렇게까지 잘하는 줄 몰랐어."

다시 국어 선생님이 눈을 접으며 웃으셨다. 조성일 선생님도 웃으셨다. 이제 선생님의 이야기도 거의 끝으로 접어들었다.

"그 마을 제일 끝에 사는 분이 계셨거든. 만재 아저씨라고. 난 그분이 마을에 제일 처음 오신 분이라고 짐작하고 있어. 확실하진 않지만, 짐작만 할 뿐이지. 어쨌든 그분이 뭐랄까, 도인 같은 분이었어. 아이들하고 둠벙에서 고기 잡고 수영하러 올라가 보면 만재 아저씨가 큰 너럭바위에 이렇게 가만히 앉아 계셨어. 아저씨네 방엔 책이 많이 쌓여있었어. 지막골에는 아이들이 많았는데 만재 아저씨가 그 아이들에게 천자문을 가르쳤지."

왜 선생님이 그 시절을 그리워하는지 알 것 같기도 했다. 선생님이 하신 말씀 중에서 마을은 만드는 게 아니라 이루어지는 것이라는 말씀이 인상 깊었다. 지막골 산골짜기에 사람들이 솥단지 하나 지게에 얹고 식구들의 손을 잡고 들어오면 먼저 와서 살던 사람들이 다 모여서 흔한 나무와 돌과 흙으로 같이 집을 지어줬다고 한다. 벽지는 물론 없고 장판이랄 것도 없이 부들을 엮어 방바닥에 깔았지만, 땔감이 많으니 겨울에 방이 뜨끈뜨끈한 집에서 살 수 있었다. 그렇게 지어진 스물다섯 채의 집들은 다 무허가였다.

정말 없는 사람들에겐 복지 개념이랄 것도 없던 그때가 지금보다 더 나았다고 선생님은 생각하셨다. 다 같이 가난하니 서로의 존재가 다 소중했을 것이다. 무시당하는 사람이 없고 따뜻한 마음을 나누면서 살았을 것이다. 지금의 복지는 가난한 사람을 따로 구별해서 분리한다. 이웃과의 평등한 오고 감도 불가능하다.

선생님은 마지막으로 코로나 이야기를 하셨다. 현주와 나도 선생님들도 마스크를 끼고 앉아 한 시간 이상 이야기를 나눈 끝이기도 했다.

"생명적 관점에서 보면 문명이라고 하는 건 문명이 아니라 야만의 결과야. 신이 이 세계를 창조할 때는 서로 깃들어 살라고 이렇게 만들어 놓은 것일 텐데, 인간은 자꾸 무언가를 건드려. 막혀 있으면 뚫고, 터널이 그렇지. 높은 것은 까 내리고, 낮은 곳은 메꾸고, 바다나 산꼭대기나 살지 말아야 할 곳에 가서 집 짓고. 전염병도 마찬가지지. 코로나도, 페스트도. 인간이 무언가를 건드렸기 때문에 이런 일이 일어난 거지. 똥거름도 말이야, 가만히 놔두면 굳어. 냄새도 안 나. 근데 그걸 건드리면 냄새도 나고 그러는 거야."

선생님의 말씀을 듣고 나서 한참 생각했다. 과학적으로 발전을 이루고 우리의 삶이 편리해진 것이 무조건 나쁘다고 할 순 없을 것이다. 마찬가지로 가진 게 없어도 그 안에서 서로 돕고 이웃의 집을 지어주고 아이들에게 천자문을 가르치며 사람의 도리를 하고 살았다는 지막골 사람들의 삶이 가난해서 불행했다고 할 수

"최소한 80년 이상 된 배수 시설. 시멘트 하나 쓰지 않고 쌓은 돌들, 전문가라 칭하는 사람들이 설치한 것도 아니지만 여전히 끄떡없이 서 있습니다. 콘크리트 아니면 시설 허가 자체를 안 내주는 이상한 법의 테두리 바깥에서 옛 마을의 사람들은 다 저렇게 살아가다가 쓰레기를 남기지 않고 돌아갔습니다." 지막골 집터의 배수로. 사진·글, 윤여관 선생님

만은 없을 것이다. 편해진 대신 사람들이 사는 곳은 회복이 안 될 만큼 파괴되고 있고 돈을 아무리 많이 벌어도 더 버는 사람들이 있어 사람들의 마음은 대부분 외롭고 가난하다. 선생님의 말씀대로 그렇게 어려운 시절에도 이웃에 기대어 다 살았는데, 깃들어 살지 못하고 산이든 강이든 건드려야만 살아갈 수 있게 되어버린 우리는 정말 행복할까?

커피나무에서 나오니 찬바람이 고막을 때렸다. 나는 원래 공상에 잘 빠지는 편이라 걸어가는 내내 선생님의 말씀과 지막골에 대해 생각하며 글 구상을 해보았다. 찬바람에 숨을 내쉬자 마스크 때문에 안경에 김이 확 서렸다. 나무 지게를 지고 저만치 가는 나무장수를 그려보았다. 다시 코로 숨을 내뱉자 눈 덮인 지막골이 보이는 듯했다. 빵! 하고 울리는 경적에 정신을 차리고 안경을 고쳐 썼다. 그러자 나의 동네가 한눈에 들어왔다. 신호등, 전봇대, 건물들, 콘크리트 바닥, 수많은 차. 걸음을 멈추니 차 하나가 쌩하고 지나갔다. 문득 이질감이 느껴졌다. 그 시절이 그립다는 선생님의 말씀을 이해할 수 있을 것 같았다.

지막골 사람들이 떠난 뒤, 금학동 수원지. 사진 윤여관 선생님

우리 학교, 공주여자중학교

박서진, 박정민 3학년

우리 학교의 생일

저희는 우리 공주여자중학교에 대해 써보기로 했어요. '등잔 밑이 어둡다.'는 속담처럼 우리 학교의 주소를 모르는 친구들도 많을 거라고 생각해서 먼저 주소를 말씀드리겠습니다. 공주여중의 주소는 '공주시 용당길 54'입니다. 옛 주소는 교동이고요, 조사해보니 처음엔 우리 학교가 공주여고와 함께 있었는데 1977년 9월 1일에 분리가 되었어요. 여고와 여중의 합체 형태로 처음 세워졌을 때 우리 학교의 이름은 '공주고등여학교'였어요. 그때가 1928년 5월 1일이니까 일제강점기였죠. 그래서 우리 학교의 개교기념일이 5월 1일이에요. 정말 먼 옛날이야기죠. 지금 우리가 쓰는 이 글도 100년 뒤엔 조상님의 글이 되겠죠? 그래서 다음 사항을 써둡니다. 우리 학교는 지금 (2020년) 개별실을 포함하여 20개 학급이 있어요. 학생은 544명, 선생님은 48명이에요. 공주 시내에선 가장 큰 학교예요.

이사 가는 학교

이곳에서 공주여중이 시작된 해는 1979년 7월 2일이에요. 노재경 선생님께서 중학교 3학년 때 여고에서 지금 우리 학교 자리로 이사를 하셨대요. 제민천에 가면 여중 학생들이 책상과 의자를 들고 길게 줄지어서 이사를 하는 사진이 걸려 있어요. 찾을 순 없지만, 이 속에 노재경 선생님도 계시겠지요.

노재경 선생님께 우리 학교 이야기를 듣기 위해 국어 선생님과 함께 진로상담실로 찾아갔어요. 공주여자중학교를 졸업하고, 그 학교의 선생님이 되기까지 긴 시간을 공주와 함께 하신 노재경 진로 상담 선생님을 만나 뵈었어요. 선생님께서는 따뜻한 차를 주셨고 학생 시절의 이야기를 들려주셨는데 얼마나 재미있는지 시간 가는 줄을 몰랐어요. 어떻게 그 많은 것을 기억하고 계신지 신기했어요.

학교가 이사를 하는 것도 신기한데 이삿짐을 학생들이 나르다니 우리로선 정말 경험하기 어려운 일인 것 같아요. 이사하는 날,

공주여중 학생들을 환영하는 교동 농악대. 환송식에서 고별사를 하는 공주여중 학생. 사진 출처 : 1980년 공주여중 졸업 앨범

여고에서 환송식을 해주었고 여중생들은 각자 자기 책상과 의자를 들고 여중까지 걸어갔다고 해요. 사진에 보이는 교련복을 입은 언니들은 공주여자고등학교 학생들이에요. 중학생들이 혼자 짐을 나르기가 어려우니까 여고의 1학년 1반 학생들이 여중의 1학년 1반 학생들 짐 나르기를 도와주는 방식으로 함께 이사를 했답니다. 선생님 말씀으론 여고 앞 뽕나무밭을 지나서 공주고를 지나 제민천가의 흙길을 따라 쭉 내려오셨대요. 그땐 한 반에 70명 정도의 학생들이 있었고 한 학년이 6개 반이었어요. 그 먼 길을 1200여 명의 여중 학생들과 또 그 숫자와 같은 여고생들이 줄을 지어 갔으니 끝도 없는 행렬이었겠지요. 사진을 자세히 보면 제민천에서 빨

공주여중 이사 풍경(1979년 7월). 제민천 전시 사진

래를 하는 아주머니가 이사를 구경하는 모습이 보여요. 아이들도 흔히 멱을 감고 놀았다니 제민천이 얼마나 깨끗했는지 알겠어요.

특히 재미있던 것은 여중이 있는 교동 마을의 농악대가 마중나와 행렬의 맨 앞에서 풍물을 치면서 인도를 해주셨다는 말씀이었어요. 그런데 막상 여중에 도착하자 학생들을 맞이한 건 허허벌판의 무덤들과 학교 아래 개망초가 우거진 교도소(당시는 형무소라 칭함)의 폐허였어요. 교도소는 옮겨 갔지만, 건물은 그대로 남아있어 학생들은 교도소의 높은 담벼락을 따라 언덕을 올랐어요. 그땐 교도소의 사택으로 쓰이던 일본식 건물 하나 말고는 학교에

오른쪽 학교 건물 앞 수풀 속 형무소 초소 흔적. 사진 장길수 선생님

서 산성시장까지 집이 하나도 없었대요. 학생들은 피곤하기도 하고 무섭기도 했는데 농악대가 계속 풍물을 치면서 운동장을 몇 바퀴 돌아주고 마을 주민들이 기다리고 계시다가 환영사도 읽어주시고 하니까 좀 낫더라고 하셨어요.

운동장의 돌 줍기, 콩밭 매기

교동의 여중으로 이사 온 학생들은 체육 시간마다 운동장의 돌을 주워낸 뒤 수업을 했어요. 이 세상의 모든 돌은 다 여중 운동장에 모여있는 것 같지 않았을까요? 이사 오고 곧바로 지금 예지관 있는 자리 뒤편에 콩을 심어서 여름방학이 되자 학교에 나와 콩밭의 풀을 뽑았다고 해요. 조선 시대의 이야기를 듣는 기분이었어요. 그런데 선생님은 그 일이 하나도 어렵지 않았대요. 왜냐하면, 새 학교로 이사 오기 전엔 방학 때 우금티 전적지의 풀도 뽑으러 갔기 때문에 그것에 비하면 학교 콩밭 매기는 식은 죽 먹기였다는 거예요. 선생님은 중학교 때 충남과학고가 있는 반포면 마암리에 사셨는데 방학이 되면 통학버스를 운행하지 않았다고 해요. 시골은 버스도 하루에 몇 대밖에 들어오지 않아서 우금티에 9시까지 도착하려면 새벽에 일어나서 걸어가야 했어요. 아침 6시에 마을 아이들과 모여서 출발하고 세 시간을 걸어 우금티에 도착했는데 풀 뽑기는 30분도 채 안 되어 끝났대요. 그렇게 3일이나 우금티 고개까지 걸어 다닌 거예요.

"새벽부터 걸어간 보람이 있어야 하는데, 우린 풀 뽑기가 특기인데 말이지…."

선생님은 지금도 아쉽다는 표정이셨어요.(인터뷰가 이렇게 재미있는 것인 줄 모르고 긴장만 했어요.) 그러다가 학교 콩밭을 매는 일을 하니 그건 일도 아니었대요. 통학버스 이야기가 나오자 국어 선생님과 진로 상담 선생님이 웃음을 참지 못하셨어요. 두 분의 경험이 똑같았어요. 안 그래도 복잡한 버스가 장날이 되면 장에 가는 어른들과 보따리, 광주리까지 실려 미어터졌다고 해요. 키 작은 초등학생은 그 틈에서 숨도 못 쉬고 울음을 터뜨리고 "여기 애 죽어유!"하고 어른들이 소리치고 기사 아저씨는 차를 앞뒤로 흔들어서 승객들을 강제로 밀착시키는 방법으로 공간을 만들어냈어요. 의자는 사람이 앉는 자리가 아니고 창문으로 던진 가방을 산더미처럼 쌓는 곳이었고 그땐 표를 받는 차장이라는 직업이 있었는데 차장은 거의 문에 매달려서 갔어요. 그런 버스에 사람뿐 아니라 닭도 탔다니 동남아 영화 같아요.

우린 우리 학교의 규칙이 엄하다고 생각했는데

선생님이 중학생일 때의 규칙은 거의 군대 수준인 것 같아요. 특히 여고와 함께 있을 때 등교하면 여고의 선도부 언니들이 교문에 서서 복장 단속을 했기 때문에 중학생들은 아침마다 쫄아서 교문을 지나가곤 했어요. 머리는 귀밑 2센티, 단발머리만 할 수 있었어요. 엄마가 자주 깎아주기 힘드시니까 바짝 잘라서 머리카락이 얼굴 반밖에 안 되는 아이들이 많았어요. 귓불이 보일 정도로 머리를 잘랐죠. 애교머리가 나오지 않게 항상 핀을 착용해서 이마를 반듯하게 드러내야 했고요, 애교머리를 몇 가닥 빼는, 그것이 최선의 멋 부리기였어요. 가르마를 반대로 타는 방법도 있었다고 국어 선생님이 덧붙이셨어요.

고교야구시대

당시 학생들은 어떤 가수를 좋아했는지 궁금했어요. 그런데 뜻밖에도 당시엔 지금처럼 10대들만의 가수가 없었어요. 어른들에게 인기 있던 가수 전영록을 같이 좋아했고 아이들의 정서에 맞는 노래가 따로 없다 보니 심지어는 소풍 가서도 음악 시간에 배운 가곡을 불렀다네요. 상상이 안 돼요. 음악 시간도 아닌데 음악책에 나온 노래를 부르다니. 기계도 지금처럼 발달되어 있지 않아서 학생들은 기타와 큰 카세트를 가지고 소풍 갔어요. 소풍 장소는 언제나 곰나루 아니면 산성공원으로 정해져 있었고, 좀 잘 노는 학생들이 사회자가 되어 레크리에이션을 진행하면서 기타를 들고 노래를 했어요. 남자애들은 밴드를 직접 만들어 기타를 연주하기도 했고요. 고등학교 때가 되어서야 '단발머리'라는 노래를 들고나온 조용필을 보고 '가수에 빠진다'는 느낌이 뭔지 처음 깨닫게 되었다고 해요. 10대 가수들이 무대에 등장하기 시작한 것은 훨씬 뒤에 등장한 '서태지와 아이들'부터였어요. 서태지의 영향이 얼마나 컸는지 그는 문화대통령이라 불렸고 서태지의 노래 '컴백홈'이 발표되자 가출했던 아이들이 집으로 돌아오기도 했대요.

대신 선생님의 시대엔 야구 문화가 있었어요. 학생들은 고교야구에 열광했어요. 청룡기 전국고교야구대회에서 공주고 야구팀이 우승했을 때는 공주시민이 모두 나와 공주고등학교까지 행진

하는 축하퍼레이드를 구경했어요. 공주여중 학생들이 꽃다발을 주는 역할을 했는데 노재경 선생님도 화동 중 한 명이었답니다. 그땐 공주고등학교가 공설운동장 역할을 했어요. 땅굴 사건, 도끼 만행사건 같은 것이 뉴스에 나올 때마다 공주고등학교에 모여 북한을 규탄하는 궐기대회를 많이도 했다고 해요.

선생님은 어떤 학생이었나요?

선생님들은 모두 모범생이었을 거라고 생각했는데 노재경 선생님은 의외로 공부보다는 잘 노는 아이들과 친했다고 하셨어요. 돈을 걷어서 선생님 몰래 간식을 사러 나가던 아이들이 있었는데 그 아이들과 친구였대요. 이사 오기 전의 학교 담 밑엔 아주머니들이 앉아 뽀빠이, 자야, 빵 같은 것들을 팔았어요. 물 뜨러 가는 것처럼 주전자를 들고 나가 담벼락 틈으로 돈을 내밀고 친구들이 주문한 과자랑 빵을 사서 주전자에 담아 돌아왔다는 거예요. 빵셔틀이 아니고 그땐 주전자 들고 간식 사러 나가는 아이가 잘나가는 아이였어요. 노재경 선생님도 자주 나가셨다네요. 그리고 부잣집 아이가 같은 반이었는데 그 친구는 매일 분유를 한 통씩 들고 학교에 온 것이 가장 인상적으로 기억에 남으신대요. 왜 분유를 들고 왔느냐고 물으니 선생님은 그게 얼마나 비싸고 맛있는 건줄 아느냐고 학교는 원래 춥고 배고픈 곳이었다고 대답해주셨어요. 그리고 양궁부 학생들을 지원하기 위한 매점(현재 우리 학교 서편 가정실 앞 계단 아래쯤) 이 있어서 쉬는 시간에 소보로빵, 단팥빵을 사 먹는 친구들로 바글거렸다고 해요.

선생님의 기억에서 빠뜨릴 수 없는 군것질거리가 있는데 그건 '바나나빵'이에요. 바나나가 들어 있는 건 아니고 모양이 바나나였던 빵이에요. 공주성결교회에서 사대부고 가는 샛길에 '바나나빵집'이 있었는데 먹을 게 별로 없던 시절에 바나나 모양의 그 빵은 너무나 맛있고 값싼 간식이었답니다. 10원? 아니면 20원? 아닌가? 100원을 내면 신문지나 잡지로 만든 종이봉투에 가득 담아주던 바나나빵. 베이킹소다 향기가 확 나는, 세상에 두 번 없을 빵이었대요. 빵집 안에 들어가서 빵을 먹는 학생들은 시커멓고 힘이 있는 오빠들이어서 선생님과 친구들은 무서워서 안에 못 들어가고 밖에서 매표소 창구 같은 구멍으로 돈을 내고 빵을 받았어요. 그땐 거기 가면 불량스러워 보일까 봐 가고 싶은 마음을 참을 때가 많았다고 해요. 그때의 '오빠'들 속에 우리 학교 체육 선생님이 계셨어요. 체육 선생님께서는 공주 사람이라면 바나나빵집을 모르는 사람 없다고 하시면서 체육 선생님의 아지트였다고 하셨어요. 바가지에 금방 만든 빵을 넣고 설탕을 팍 뿌려서 흔들어 주면 둘이 먹다 둘 다 죽어도 모를 만큼 맛있었다고 해요. 그 빵이 얼마였느냐고 여쭈어보니 돈 내고 먹은 적이 없어서 모르신대요. 참고로 체육 선생님께서 해주신 말씀을 덧붙이면, 호서극장에 당시의 걸그룹이라 할 수 있는 '토끼소녀'가 왔을 때 친구들과 밀고 들어갔다가 극장 아저씨께 귀를 잡혀 끌려 나온 기억이 있으시다고 합니다.

일일고사, 월말고사

선생님 시대에 안 태어난 게 다행인 것 같아요. 중학교 1, 2학년 때는 매달 시험을 보는 월말고사가 있었고 3학년 때 교장 선생님이 바뀌면서 일일 고사를 보기 시작했대요. 지금 선생님의 입장에서 생각하니 학생들도 어려웠지만, 그때 선생님들도 얼마나 힘들었을까 싶으시대요. 먹지에 철필로 글씨를 새겨서 등사 잉크로 한 장 한 장 찍어내는 시험지라 시험을 보다 보면 손가락과 소매에 먹물이 묻어났어요. 일일고사 외에도 중간고사, 기말고사, 모의고사가 있었어요. 시험 보다가 학교생활을 마치셨겠어요. 게다가 시험을 보고 나면 1등부터 100등까지 순서대로 명단을 써서 학교에 붙였다고 해요. 선생님은 날마다 시험을 보는 일일고사 때문에 공부를 따로 하는 습관을 붙이지 못하셨다고 하셨어요.

인터뷰를 마치고

선생님의 말씀을 들으면서 가장 놀란 것은 선생님의 기억이었어요. 국어 선생님 말씀으론 노재경 선생님께 문학적 감수성이 있고 글도 잘 쓰셔서 세밀한 장면들을 간직할 수 있는 거라고 하셨어요. 국어 시간에 왜 그렇게 '장면'을 강조하시는지 알게 되었어요. 구체적인 장면에서 엿볼 수 있는 것들이 많은 것 같아요. 그리고 선생님께서 말씀하시는 것들이 담긴 사진이 있으면 좋겠다는 생각을 했어요. 아쉽게도 선생님이 이사를 앞두고 짐을 모두 싸서 보관 중이라 찾기가 어렵다고 하셨어요. 지금 우리 학교의 사진, 우리 동네의 사진을 찍어서 남겨두는 것도 중요한 일이라는 걸 알았어요.

인터뷰를 앞두고 긴장을 많이 했는데 국어 선생님이 옆에서 그냥 이야기하시는 것처럼 선생님과 말씀을 나눠주셔서 가벼운 마음으로 선생님의 이야기를 들을 수 있었어요. 두 분 선생님께 감사드립니다.

공주향교

박정민 3학년

'다 같이 돌자 동네 한 바퀴' 활동을 하는 우리는 공주를 가슴 속에 품고 계신 장길수 교장 선생님으로부터 우리 학교가 있는 교동校洞의 이야기를 들을 기회가 생겼다. 선생님께서 우리 학교로 와주셨다. 만나기 전까지 두근두근 두근거리며 긴장하는 한편 어떤 이야기를 해주실까 궁금했다. 선생님께서는 여러 가지 이야기를 해주셨는데 그중에서 나는 우리 학교 근처에 있는 '향교鄕校'의 이야기를 친구들과 후배들에게 전하고 싶다.

먼저 이야기를 들려주신 교장 선생님을 소개하고 싶다. 왜냐하면, 언젠가 다시 이런 활동을 할 수도 있고, 하고 싶은 학생들이 있을지도 모르기 때문이다. 그런 친구들이 있다면 장길수 교장 선생님을 꼭 만나보아야 한다고 생각한다. 교장 선생님을 만나기 전까지는 나도 선생님에 대해 잘 알지 못했는데 동아리 선생님께서

도서관과 같은 분이라고 소개해주셨다. 봉황중학교 교장 선생님으로 퇴직하셨고 국사편찬위원회 사료 조사위원, 공주향토문화연구회 운영위원 등등 많은 일을 하고 계시고 공주시 문화관광해설사 봉사활동도 하고 계셨다. '공주의 땅 이름 이야기'란 책을 내셨고 '공주의 전통 마을', '공주의 인물'에 관한 글도 쓰셨다. 우리가 책 속에 담고 싶어 하는 모든 이야기가 선생님의 연구 속에 다 있었다. 동아리 선생님 말씀대로 처음부터 교장 선생님을 만났더라면 일 년 동안 공부를 많이 할 수 있었을 텐데 안타깝다.

우리 학교의 옛 주소인 교동은 향교가 있는 동네라는 뜻이다. '교촌'이라고도 하고, '향교리' 라고 불리기도 한다. 그래서 공주향교의 뒷산은 교촌봉이고, 제민천에 있는 다리 '교촌교'도 향교 때문에 붙은 이름이다. 우리 학교 옆에 있는 공주교동초등학교도 향교와 관련된 이름이었다. 우리 학교길 건너, 마을에 있는 향교에 갈 일도 없고 관심도 없었는데 향교가 존재감 있게 다가왔다. 향교는 지금으로 치면 국립 중학교와 같은 것이다. 마을 아이들이 주로 서당을 다니고 난 후에 향교와 서원 중에서 공부할 곳을 고르는데 서원이 발달하자 향교의 힘이 많이 줄어들었다. 하지만 향교는 교육의 기능 말고도 다른 특별한 일을 하는데, 그건 바로 제사를 지내는 것이다. 아무나 지내는 것은 아니고 백성들의 칭송을 받는 분들, 예를 들면, 공자와 맹자, 퇴계 이황 같은 분들인데 그분들을 '현유'라고 한다고 하셨다.

우리 공주향교는 원래 웅진동 송산 기슭에 있었는데 건물이 낡아서 순찰사 신감(현재론 도지사)과 목사(현재론 시장) 송홍추의 영향으로 1623년에 우리 공주여중 앞으로 이사하였다. 당시 14세 이정란과 10세의 그의 종제 이대현이 성현을 추모하여 자기가 사는 집터를 기증하여 향교를 옮겼다고 한다. 열네 살과 열 살짜리가 성현을 추모하고 향교로 쓰라고 집터를 기증했다니, 옛날의 열 살은 정신 연령이 백 살쯤 되는 것 같다.

공주향교 안의 건물은 각각 맡는 일이 다르다. 일단 가장 깊숙한 곳에는 대성전이라고 중국의 현유를 기리는 곳이 있고 양옆에 있는 동무와 서무는 우리나라의 현유 18분을 기리는 곳이다. 또 명륜당은 공부하는 학당이다. 현유를 기리는 곳과 명륜당은 공간이 나뉘어져 있는데 이를 연결하는 문이 내삼문이고 명륜당과 밖을 연결하는 곳이 외삼문이다. 외삼문은 3개의 문이 나란히 있다. 가운데는 영혼이나 신이 다니는 문이고 오른쪽 문은 사람이 들어가는 문, 왼쪽 문은 나오는 문이다. 그리고 외삼문 앞에는 홍살문이라고 붉은 것이 있는데 이것이 붉은 이유는 잡귀가 들어오지 않게 하기 위해서이다. ⑥번 제기고와 ⑧번 고직사는 뭐 하던 곳인지 혹시 궁금해할 친구가 있을지 모르는데 퀴즈로 남겨두겠습니다! 우리 학교와 무척 가까우니 직접 가보세요. 향교 입구에 써있습니다.

아쉽지만 우리 공주향교에는 기숙사의 기능을 하는 건물은 없었다. 그리고 우리 향교는 석전대제라고 하는 제사를 지낸다. 이번 2020년에는 5월 16일에 지냈다고 한다. 공주에 살았지만, 공주의 지리도 잘 모르던 내가 역사, 유적, 숨은 이야기를 이제야 조금 알게 된 것 같다. 내가 다니는 공주여중이 있는 교동에는 아직 모르는 것이 많다. 중학교에 올라오면서 처음 버스를 타게 되었고 여러 곳을 돌아다녔지만, 아는 것이 별로 없는 내가 이런 시간을 통해 공주라는 곳을 구체적으로 생각하게 된 것 같다.

① 대성전 ② 동무 ③ 서무 ④ 내삼문 ⑤ 명륜당 ⑥ 제기고 ⑦ 외삼문 ⑧ 고직사

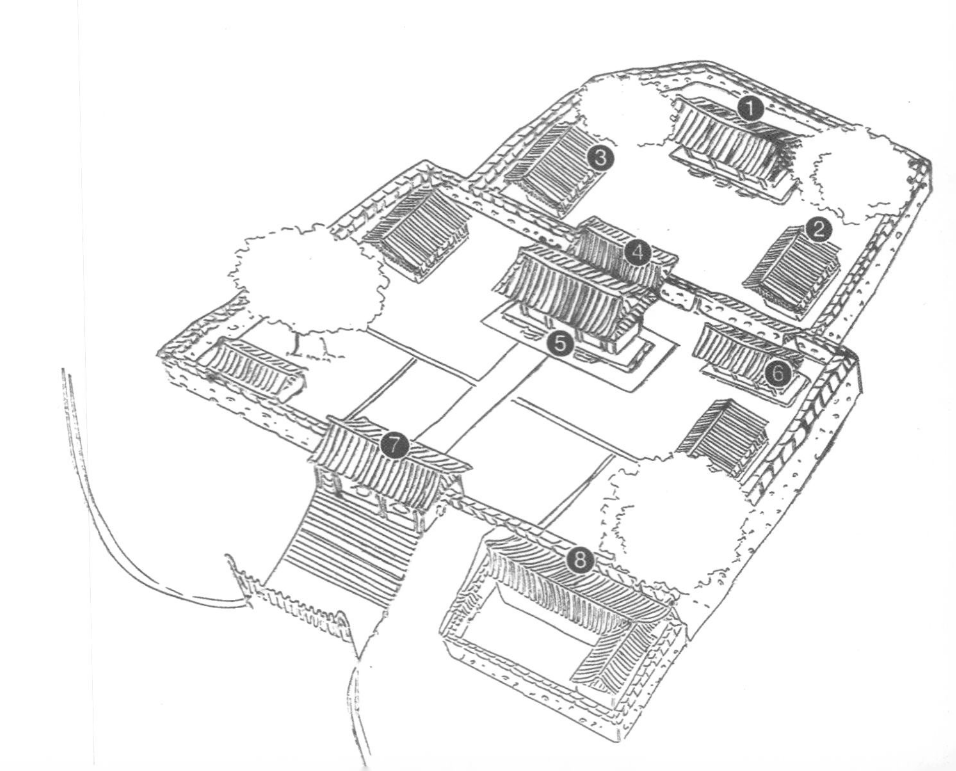

나의 교동 이야기

이시민 1학년

교동은 공주에 있는 동네이다. 교동이란 이름은 향교가 있는 또는 있던 마을에 붙은 땅이름이다. 그러니까 교동은 공주에만 있는 지명이 아니라는 이야기다. 하지만 전국적으로 퍼져있는 '교동'들은 각기 다른 이야기를 품고 있다. 나는 그 수많은 교동중에서 공주 교동에 대해 써보려고 한다. 내가 쓸 이야기는 전 교장 선생님이신 장길수 선생님께서 해주신 이야기를 바탕으로 한다. 공주에 대한 정보를 얻기 위해서 인터넷을 검색해도 좋을 것이다. 하지만 어느 시기, 공주의 곳곳에 숨은 이야기는 인터넷을 아무리 뒤져봐도 나오지 않는다. 그런 이야기들은 사람들에 의해 전달되는 법이니까. 난 이제부터 그 이야기들을 글로 남기려고 한다.

교동에 대해 말하자면, 그 이름에서부터 드러나듯이 향교를 빼놓을 수 없다. 향교는 고려 시대, 조선 시대 즈음에 만들어진 학교를 뜻한다. 지금으로 따지면 공립중학교 정도라고 보면 된다. 향교에서는 아이들을 가르치는 것뿐만이 아니라 제사도 지냈다고 한다. 제사라고 하면 지금의 우리가 하는 조상님들 또는 돌아가신 분을 추모하는 풍습을 떠올릴 텐데 그것과 거의 비슷하다고 보면 된다. 향교에서는 공자, 맹자 등등 성인, 그러니까 종교나 사상에 따라 다른 위대한 사람이라고 보면 되는데, 그런 분들을 모시고 제사를 지냈다고 한다. 공주향교와 관련된 대표적인 인물에는 조헌과 오강표가 있다. 조헌은 선조 임금 19년에 공주 주학제독관에 임명된 사람이다. 쉽게 공주향교의 교장 선생님이라고 생각하면 된다. 충청도에서 최초로 의병을 일으킨 사람이기도 하다. 오강표는 일제의 국권강탈에 분개하여 공주향교에서 자결한 사람이다. 내가 써놓고도 말이 너무 어렵다. 다시 말하면, 오강표는 일본이 우리나라를 빼앗자 화가 나 자신을 희생해 저항의 뜻을 분명하게 밝힌 한 사람이다. 오강표가 목숨을 끊은 곳이 바로 공주향교이다. 오강표라는 인물은 선생님이 설명해주실 때 처음 들어봤지만, 그 이름에서도 위엄과 기개가 느껴지는 듯했다.

향교의 역할과 관련 인물, 일제의 강점 등등, 머리가 띵했다. 내가 지금 역사 교과서를 쓰고 있나, 하는 생각도 든다. 하지만 지금부터 이어 쓰는 이야기는 내가 잘 아는 주제라서 가볍게 읽을 수 있을 것이다. 교동은 내가 다니고 있는 공주여자중학교가 있는 동네이기도 하다. 공주여자중학교는 원래 공주여자고등학교와 같이 있었다. 이건 나도 선생님들께서 해주신 말씀이라 알고 있었다. 공주여중과 공주여고는 지금의 사대부고 자리에 있었다고 한다. 사대부고가 설립되자 전매서 자리로 옮겨 갔다고 한다. 그 자리는 공주여고의 기숙사가 있던 곳이어서 운동장도 없이 어렵게 생활할 수밖에 없었다. 문득 우리 학교와 당시의 학생들이 불쌍해졌다. 그런데 이게 끝이 아니라 공주 농고가 신관동으로 이사를 하자, 농고 있던 자리로 또 이사 갔다고 한다. 그곳이 지금 공주여고 자리이다. 그때까지도 공주여중과 공주여고는 같은 곳에서 생활하였다. 선생님 말씀을 들어보니 그때는 중학교와 고등학교가 같이 있는 것이 일반적이었다. 교장 선생님도 한 분이고, 선생님들도 중학교 수업, 고등학교 수업을 둘 다 하셨다. 지금으로서는 상상이 가지 않는다. 이후에 공주여중은 지금의 자리로 이전하였다.

그런데 이사를 하는 방식이 지금 보아도 너무 웃기다. 웃긴다고 해야 할지 슬프다고 해야 할지 모르겠다. 선생님께서 보여주신 사진을 보면 학생들이 자신의 의자와 책상을 들고 줄지어 가고 있다. 그때가 7월 2일이었다고 하는데 한여름이다. 흑백 사진이지만 그 열기가 사진 속에 일렁이는 것 같았다. 얼마나 힘들고 더웠을까? 선생님은 어제 오셔서 찍으셨다는 우리 학교의 현재 사진도 보여주셨다. 지금의 내가 공주여중 교실에 앉아 있기까지 많은 이야기가 있었구나. 두 사진을 한참 바라보았다.

다음으로 할 교동의 이야기는 제민천이다. 사실 제민천은 교동뿐만 아니라 공주 여러 동네의 이야기들이 담겨 있는 하천이다. 1,500년을 우리와 함께한 제민천은 어떤 이야기를 담고 있을까? 먼저 이름 이야기부터 해보자면 제민천은 특이한 이름이다. 대부분 하천은 그 동네의 이름을 따서 만든다. 유구천, 정안천 이렇게 말이다. 하지만 제민천은 그렇지 않다. 제민은 '백성을 건지다.' 또는 '아픈 백성을 보듬다.'라는 의미이다. 이름 이야기는 그냥 상식 정도로 알아두고 이제부터 제민천에 흐르는 공주 이야기를 살펴보자. 1,500년가량 우리 곁에 있었던 제민천에는 그 시간에 맞게 아주 많은 이야기가 이어져 오고 있다.

그중에 교동과 관련된 교촌교 이야기를 해보려고 한다. 제민천에는 여러 다리가 있는데 그 중 교촌교는 실제 이름보다 별명으로 부른 대표적인 다리이다. 흔히들 제세당 다리 또는 쇠전 다리라고 불렀다고 한다. 쇠전 다리는 나이 드신 어르신들께서 많이 부르시는데 1950년대 말까지 산성동 시장공원 자리에 우시장인 쇠전이 자리 잡고 있었기 때문이고 제세당 다리는 다리 서쪽에 제세당이라는 약방이 자리 잡고 있었기 때문에 그렇게 불렀다. 제세당은 없어졌지만, 아직도 제세당 다리라고 부르는 사람이 많다. 모든 게 처음 듣는 이야기였다. 우리가 만날 때 "CNA 있는 골목으로 와." 하는 것과 비슷한 것일까. 생각해보면 나도 우리 동네 다리와 골목의 정식 이름을 모른다. 그냥 많이 가는 곳의 이름으로 부른다. 사람들이 왜 그렇게 불렀는지 단번에 이해가 갔다. 이름이란 사람들의 이해와 필요에 따라 변할 수 있는 것이고 지금과 같이 '표준'이 필요한 시대가 아니었으므로 옛 다리들은 그곳에 사는 사람들이 각각 장소의 특징을 쉽게 떠올릴 수 있는 별칭으로 불렸을 것이라고 동아리 선생님이 덧붙여 말씀해주셨다.

교장 선생님은 제민천의 옛 풍경을 사진으로 보여주셨다. 한 사진에는 단발머리 소녀 여럿이 제민천에서 어떤 동물과 같이 있는 모습이 담겨 있다. 옛날 어느 고등학교 졸업 사진인 듯하다. 사진 속 동물이 무엇인지 몰라서 한참을 들여다보다가 선생님께 여쭈어 보았더니 염소라고 한다. 나에게 염소는 TV 속에서 보던 동물인데 선생님 말씀으로는 졸업 사진, 제민천 사진에 단골로 등장했다고 한다. 어쩐지 염소를 쓰다듬고 있는 모습이 너무 자연스러워서 처음엔 강아지로 착각했다. 졸업 사진에 염소를 등장시키는 모습을 상상해보았다. 벌써 소리를 지르며 저만치 도망가는 친구들의 모습이 눈앞에 그려진다. 또 다른 사진에는 왕릉교에서 본 제민천 풍경이 담겨 있다. 흑백이라 잘 보이지도 않는 사진을 선생님은 4k 화질이라도 되는 사진인 듯이 이곳저곳 가리키며 설명해주셨다. 솔직히 건물도 잘 보이지 않았다. 당시 제민천에는 오리와 소가 많았다고 하셨다. 지금은 오리나 큰 새 한 마리만 있어도 호들갑을 떨며 "저거 오리 아니야?", "어디?" 이러는데 소까지 있으면 기절초풍할 것이다.

제민천의 옛 사진. 공주대학교 공주학연구원 공주학아카이브

마지막 교동의 이야기는 전기 이야기이다. 공주에 처음 전기가 들어온 것은 1921년이라고 한다. 하지만 전기가 들어온 이후에도 전기보다 등잔불을 더 많이 썼다. 나중에서야 서서히 전기가 널리 쓰인 것이다. 전기 회사도 생겼다. 요즘은 내 방 스위치만 누르면 전기가 들어오는데 그때는 전기 회사에서 스위치를 눌러줘야 전기가 들어왔다. 그래서 어둑어둑해질 무렵에 전기가 안 들어오면 사람들이 가서 따졌다고 한다. 설상가상으로 밤늦은 시간에는 전기를 못 썼다. 전기 회사에서 스위치를 내려버려서 책을 보다 전기가 나가면 꼼짝없이 자야 했다. 내 방 창문 너머로 밖을 바

라보다 문득 달빛이 가장 빛나던 그 시절의 밤은 얼마나 깜깜했을까? 하는 생각이 들었다. 당시의 전등은 지금의 전등만큼 밝지도 않은데 방마다 달 수 없으니 벽을 뚫고 전등을 달아 양쪽 방을 전구 하나로 밝혔다고 한다. 항상 방에 약한 전등만 켜놓고 책을 읽으면 눈 나빠진다고 잔소리를 해대는 엄마의 목소리가 귓가를 스쳤다. '눈 나빠지겠네.' 나도 엄마를 닮아가나 보다. 이런 이야기를 들으면서 눈 나빠질 걱정부터 하는 걸 보면. 하지만 어쩌겠는가. 당시에는 그 약한 전기도 신기했을 것이다.

교동은 공주에서 아파트가 제일 처음 생긴 곳이기도 하다. 엘리베이터도 80년대 초 한진아파트에 제일 처음 생겼다고 한다. 그래서 장날만 되면 할머니들이 손자, 손녀 손을 붙잡고 한진아파트로 가서 엘리베이터를 태워줬다고 한다. 내가 매일 타는 엘리베이터가 그때는 분명 신세계였을 것이다. 할머니 손을 잡고 처음 엘리베이터를 타는 아이의 해맑은 미소가 눈앞에 그려진다.

나의 교동 이야기는 여기까지이다. 교동뿐만 아니라 공주에는 빛나는 역사의 파편들이 여기저기 숨겨져 있다. 나는 이런 이야기들을 모두 글로 적을 수 있었으면 좋겠다. 언제나 꺼내 볼 수 있도록.

향교를 품은 마을, 교동

성현주 1학년

시원한 바람을 맞으며 산성교를 지나가면 보이는 제민천과 그 옆에 걷고 있는 사람들, 시끌벅적 소리를 내며 웃고 떠드는 공주여자중학교의 학생들. 이것이 내가 아는 교동의 모습이다. 공주에서 나고 자랐지만, 알고 있는 교동의 모습이 겨우 이거뿐이라니 정말 창피하다. 공주여자중학교를 다니면서 교동을 느낄 기회가 늘었지만, 교동의 의미를 알지 못했다. '향교가 있는 마을'을 뜻하는 교동 이외도 교리, 향교동, 향교리, 구교리 등이 향교와 연관된 이름이다. 그럼, 향교란 무엇일까? '향교鄕校'는 시골에 있는 학교라는 뜻으로 고려와 조선 시대의 지방 교육기관이었다. 유교 교육과 선현의 위패를 모시고 제사를 지내는 두 가지의 역할을 했다. 조선이 유학을 국가 운영의 유일한 사상으로 부각하면서 성균관의 하급 관학官學으로서 전국 각 도시에 하나씩 세워졌다. 그러나 향교는 임진왜란, 병자호란 등의 전쟁과 사립 교육기관인 서원이 발전하면서 존재가 미미해졌다. 그리하여 효종 때에는 지방 유생으로서 향교 안에 이름이 오르지 않은 자는 과거의 응시를 허락하지 않는 등의 부흥책을 쓰기도 하였다.

향교의 맨 앞에는 빨간 화살처럼 생긴 홍살문이 있고 옆에 하마비가 있는데, 이는 아무리 지체 높은 사람도 홍살문 앞에서부터는 말에서 내려 걸어 들어가란 뜻이다. 뒤엔 밖에 있는 산문인 외삼문이 있다. 외삼문의 가운데는 영혼이 다니는 길이기 때문에 오른쪽으로 들어가야 한다. 안에 건물은 명륜당과 서재, 동재가 있다. 명륜당은 학생을 가르치는 학교였다. 그리고 뒤에 내삼문으로 들어가면 대성전과 서무, 동무가 있다.

동무, 서무는 우리나라 18현 위패를 봉안했고, 대성전에는 공자 및 중국의 성현 위패를 봉안했다. 1949년 전국유림대회의 결정으로 우리나라의 명현 18위는 대성전으로 올리고 중국 유현 94위의 위패는 파묻었다. 현재는 교육적 기능이 없어지고 봄과 가을에 석전을 봉행하고 초하루와 보름에 분향을 올리고 있다.

현재 공주향교는 충남 공주시 교동 211번지에 있으며 1978년 3월 31일 충청남도 유형문화재에 지정되었다. 공주향교는 창건연대를 알 수 없지만 조선 초기 현유賢儒의 위패를 봉안신주(神主)나 화상(畫像)을 받들어 모심, 배향학덕이 있는 사람의 신주를 문묘나 사당, 서원 등에 모시는 것하고 지방의 중등교육과 지방민의 교화를 위해 창건되었다.

공주향교와 관련된 훌륭한 분들이 있다. 첫 번째 조헌 선생님이다. 그분은 선조 임금 19년[1586년] 10월 충청도 공주 주학제독관으로 임명되었다. 주학제독관은 감영 학교, 즉 공주향교의 교장이다. 임진왜란이 일어나자 조헌 선생님은 충청도에서 최초로 의병을 일으켜 영규대사와 함께 청주성을 탈환하고, 권율 장군이 이끄는 관군과 함께 금산의 적을 협공하기로 약속하였다. 그러나 연락의 차질로 조헌 선생 의병부대 홀로 금산 연곤평 싸움에서 만오천여 명의 왜적과 싸우다 700명 모두 순절하였다. 그분들의 유해를 함께 모셔 놓은 곳이 바로 금산의 칠백의총이다. 또 다른 분은 오

공주향교의 홍살문과 외삼문(外三門), 사진 오른쪽 아래 하마비(下馬碑)

강표1843~1910 선생님이다. 1905년 11월 일제의 강요로 을사늑약이 체결되었다는 소식을 듣고 을사오적의 처단을 요구하는 상소문을 올렸지만, 받아들여지지 않았다. 이에 격분해 자결을 시도했으나 뜻을 이루지 못하였다. 그 후 1910년 8월 경술국치를 당하자 그해 11월 17일 공주향교 강학루에 목을 매어 자결하셨다고 한다. 오강표가 순국한 공주향교 강학루는 일제강점기에 철거되어 현재는 남아있지 않다.

장길수 교장 선생님의 강의를 듣고 나누어 주신 자료를 공부하면서 교동의 옛 모습을 상상하게 되었고 '향교를 품은 마을'인 교동을 생각하게 되었다. 공주여자중학교와 가까운 곳에 있었는데 왜 몰랐지 싶다. 붉은 화살처럼 생긴 홍살문을 지나고 외삼문의 오른쪽으로 들어가 명륜당의 다른 학생들과 같이 교관께 가르침을 받는 모습이 이제는 그려진다. 향교를 품은 교동의 모습이 느껴진 것이다.

응답하라, 공주여자중학교

김지현 3학년

첫 번째 사진은 1974년도의 공주여자중학교의 모습, 두 번째 사진은 1981년도, 세 번째 사진은 2020년도의 공주여자중학교의 모습입니다. 1974년도의 공주여자중학교와 2020년도의 공주여자중학교를 비교했을 때 학교를 잘 가꾸었다는 것이 한눈에 보입니다. 더 색감이 화려해지고, 층은 높아지고 꽃과 나무는 풍성해졌습니다. 두 사진의 학교가 다른 학교라고 해도 믿길 만큼 다른 모습입니다. 지금 학교생활을 하면서 '학생들이 편안하게 즐길 수 있는 장소가 더 있었으면 좋겠다'라는 생각을 한 번씩 하는데 옛날에는 학생 수도 지금보다 더 많고, 그만큼 선생님의 수도 많은데 어떻게 지금보다 더 작은 학교에서 생활하였는지 정말 궁금합니다.

1974년(위), 1981년(가운데).2020년 공주여중(아래, 사진 장길수 선생님)

공주여중 왕촌 소풍. 사진 공주대학교 공주학연구원 공주학아카이브

언제나 행복한 소풍

위 사진은 공주여자중학교 학생들의 왕촌 소풍입니다. 지금은 서울, 제주도 같은 곳을 여행하면서 놀이공원, 바닷가를 자유롭게 돌아다니는 체험학습 형태의 소풍인데 사진을 보면 주변이 산과 들로 이루어져 있는 것을 볼 수 있습니다. 지금 소풍을 산으로 간다면 학생들은 무척 화를 낼 텐데 사진 속 학생들은 앉아 있거나 서서 가운데 서 있는 학생들이 무엇을 하는지 집중해서 관람하고 있는 모습이 보입니다. 그리고 또 눈에 띄는 것은 긴 생머리, 파마머리를 찾아볼 수 없다는 것입니다. 모두 단발머리가 안으로 말아져 있는 것을 볼 수가 있습니다. 지금 헤어스타일의 유행이 달라지듯이 저 때는 안으로 말아진 단발머리가 유행한 것 같습니다.

풋풋한 중학교 졸업 사진

공주여자중학교 학생들의 졸업 사진입니다. 교복이 가장 눈에 띄었습니다. 앞에 리본이 달려 있고, 지금 학생들이 입는 교복에서 전혀 볼 수 없는 긴 치마입니다. 깔끔하게 넘긴 단발머리를 이 사진에서도 볼 수 있습니다. 지금과는 다른 분위기의 졸업 사진이지만, 더 예뻐 보이기 위해 한쪽 다리를 구부리는 것은 지금과 같은 것 같습니다. 사진의 배경이 된 곳은 공산성인데 멀리 금강교가 보입니다. 오른쪽 학생 머리 위에 있는 건물은 '공북루'입니다. 공주 학생들의 졸업 앨범에 단골로 등장하는 포토존이 바로 이곳이라고 합니다.

공주여중 학생들의 졸업 사진. 사진 공주대학교 공주학연구원 공주학아카이브

다음은 우리 학교 졸업 앨범에서 찾은 사진입니다. 급훈이 정말 재미있지 않나요? '신속 정확'을 급훈으로 가진 학교 학생들은 학교생활이 쉽지 않

았을 것 같네요. '알뜰하고 상냥한 여학생'은 그 시대의 트렌드였나 봅니다. 지금은 보기 힘든 급훈이라서 앨범 사진을 다시 찍어봤어요. "나라 위해 내 힘 길러 유신 과업 앞장 서자.", "괴로우나 즐거우나 나라 사랑하세." 이런 표어가 학교에 걸려 있었다는 것도 재미있습니다. '나라'를 무척 강조했던 시대라는 걸 느꼈습니다. 오래된 앨범을 찍은 거라서 선명하지 않을 텐데 이게 최선이었습니다. 교장 선생님께서 우리 학교 졸업 앨범을 만들어주시는 연미사진관에 필름이나 인화된 사진이 남아 있는지 전화도 해주셨는데 저 시절의 사진을 찍던 사진관은 신라사진관이었고 2000년대 초반에 신라사진관은 문을 닫았다고 합니다. 그래서 우리 학교의 옛 사진 자료가 남아 있지 않다고 해요. 선생님들과 교장 선

1978년 공주여중 졸업 앨범에서

생님 말씀이 신라사진관 사장님은 자전거를 타고 다니던, 참 착하신 좋은 분이었다고 합니다.

다음은 어버이날 행사 사진입니다. 한복을 입고 어머니들이 학교에 오고 계십니다. 역시 그때나 지금이나 아빠들은 잘 보이지 않네요. '나라'와 함께 '효도'도 강조되고 있습니다. 컴퓨터 글씨가 아니라 손 글씨 표어가 인상적입니다. 내년에도 이런 활동을 할 수 있을지 모르지만, 할머니와 할아버지 그리고 부모님들이 갖고 계신 사진들을 적극적으로 찾아보고 그때의 말씀들을 들을 수 있으면 좋겠습니다. 지나간 시간이 이렇게 귀중하다는 걸 처음 알게 되었습니다.

1979년 공주여중고. 사진, 장길수 선생님 강의 자료

장길수 선생님의 강의를 듣고

양서린 3학년

제가 태어나고 자란 지역인데도 공주에 대해서는 아는 게 많이 없어서 공주에 관한 생각과 느낌을 조화롭게 담아낼 수 있을지 많이 걱정도 하고 고민도 했습니다. 그렇게 끊임없이 고민하고 있던 도중 이 책이 풍부해지기를 바라는 우리 학교 선생님께서 공주의 백과사전 같은 존재인 한 강사님을 모시고 오셔서 공주 '교동'의 이야기를 부탁하셨습니다. 처음엔 흥미가 생기진 않았어요. 그냥 누구나 다 알 법한 내용을 설명하실 줄 알았거든요. 하지만 강사님께서는 놀랍도록 풍부한 지식을 가지고 계셨고 저희에게 많은 이야기를 해주셨습니다. 그렇게 강의를 들으며 소소한 내용에서부터 중요한 내용까지 제가 모르던 '교동'의 수많은 이야기가 쌓이기 시작했습니다. 공주향교, 황새 바위 이야기, 그리고 옛 공주 사람들의 일상생활. 듣는 내내 그 이야기들이 너무나도 신기하여 토끼처럼 귀를 쫑긋 세우고 선생님의 말씀을 필기했답니다. 강사님께서 말씀하실 때, 마치 어린 시절 할머니께서 저에게 동화책을 읽어주시던 것과 같은 느낌을 받았어요. 그렇게 강의를 다 듣고 저희는 우리 학교 교동의 이야기를 써나갔답니다. 이 책을 만나는 분들께서 저처럼, 할머니 혹은 또는 자신의 소중한 사람이 들려주는 이야기를 포근하게 듣는 느낌으로 그런 포근한 느낌을 받으며 읽어나가셨으면 좋겠습니다. 공주여자중학교의 학생들이 바라보는 우리 지역 공주를 말이죠.

의당면 청룡리 벽돌집 아이

김민지 2학년

안녕하세요. 글일 뿐인데 인사하는 게 우습죠? 그냥 한번 해봤어요. 저는 대한민국 충청남도 공주시에 사는 열다섯 살 김민지입니다. 김민지는 흔하기보단 뻔한 느낌이에요. 뻔하게 떠오르는 여자아이 이름에 뻔한 성씨. 김민지. 저는 제 이름이 너무 뻔해서 싫고 적응이 안 됐거든요? 사실 아직도 제가 김민지라는 게 어색해요. 다른 사람 이름 같아요. 그런데 제 이름이에요. 뻔한 만큼 사람마다 생각하는 김민지가 다르잖아요. 주변 친구 중에 김민지가 있을 수도 있고, 유명인일 수도 있고. 저도 그래요. 이미 내가 김민지면서 다른 김민지에 먼저 이입하는 게 무슨 말이냐 싶지만, 그렇잖아요. 흔한 김민지를 검색하면 여러 명이 나와요. 다양한 얼굴에 다양한 직업들이에요. 그중에 저, 김민지는 없어요. 그래서 언젠간 내 직업을 달고 내 김민지를 달고 싶거든요. 지금 조금이나마 이루어 보려고요. 공주에서 살고, 살았던 공주를 기록한 김민지. 나 김민지가 기록한 나의 공주. 김민지를 봐줘도 좋고요. 김민지라서 어색해도 돼요. 그냥 즐겨요.

제 소개가 엄청 길었어요. 위만 보면 뭐 대단한 놈이 된 것 같은데요. 솔직히 김민지 자체는 별거 없어요. 조건만 봐요. 공주에 살았던 시민13 정도 되겠죠. 하지만 그래서 재미있는 거니까요. 생각해봅시다. 공룡이 살고, 연필 대신 붓을 잡는. 그런 시대에 살던 평범한 사람이 "오늘은 티라노 고기를 먹었다." 이렇게만 써놔도 얼마나 재미있어요. 나만 그런가? 지금 이 문장도 웃기잖아요. 이 글이 얼마나 보관될진 모르겠지만, 지금은 열다섯 살이라 해도 언젠가는 300살도 더 먹을 텐데. 여러분은 300년 전 사람에게 말이 걸리고 있는 거예요. 제가 반응을 못 보는 것도, 저는 이런 글을 못 본 것도 아쉽지만 어쩌겠어요. 헛소리가 너무 길어졌군요. 아무튼 300살 할머니의 열다섯을 적어볼게요.

먼저 제가 제일 좋아하는 곳. 저의 집을 소개할게요. 누군가에게 집을 알려주는 것도, 초대하는 것도 반갑진 않아요. 제일 편안한 곳이었음 좋겠거든요. 특별히 알려주는 거예요. 집 주소는 충청남도 공주시 의당면 청룡리 의당로 330이에요. 벽돌집인데 뭔가 많이 추가됐어요. 어릴 때랑 많이 달라요. 2층이고 옥상이 있어요.

옛날엔 옥상에 빨래를 널었는데 이젠 거미들이 살아요. 초등학생 때 아빠가 풀장도 사 왔던 게 기억나요. 아주 어릴 땐 작은 자동차도 있었고요. 화분도 있고, 장독대도 있네요. 옥상에 올라가면 산도 보이고, 주변 건물이 아주 잘 보여요. 저 멀리 작아진 집들도 포함해서요. 우리 집 옥상이 제일 높은 기분이에요. 오빠가 옥상에서 화분을 떨어뜨린 기억도 나서 좋아요.

2층엔 제가 살고요. 아래층에선 장사해요. 치킨집. 일주일에 두 번 정도 치킨을 해주시는데요. 감자튀김이나 치즈볼은 아빠 마음이에요. 옛날엔 할아버지 할머니가 장사하셨거든요. 어릴 때 '청흥식당'이 우리 집이라 말하고 다녔는데, 이젠 '박군치킨'이네요. 조금 그리워요. 낡은 현관문엔 집 번호가 큰 글씨로 붙어있었고, 바닥도 달랐어요. 현관문을 열면요, 공간이 있고 눈앞에 미닫이로 된 나무문이 ㄱ자로 있었어요. 낡은 소리가 나며 열리면 노란 장판이 깔려있어요. 삼겹살집이었는데 가끔 긴 상에 흰 비닐을 붙이던 할머니가 기억나요. 나무문을 무시하고 왼쪽으로 들어가면 주방이 나오는데 어릴 땐 너무 무서웠어요. 밤이 되면 불도 없이 어둠만 남아요. 가끔 오빠랑 동생이랑 아래층에서 자는데, 저는 도저히 적응 못하고 올라가서 잤거든요. 2층으로 올라가려면 주방을 지나쳐야 하는데 그 끝을 모를 어둠이 너무 무서운 거예요. 그래서 할머니나 동생을 깨워서 계단까지 같이 갔어요. 겁쟁이.

이젠 박균치킨이니까 노란 장판도 없고 긴 상도 없어요. 오래돼서 무서웠던 텔레비전도요. 식당이지만, 할머니 할아버지가 이불 깔고 주무셨던 방은 없어요. 남아있는 건 오래된 가스레인지뿐이네요. 엄청 크거든요. 나중엔 지금 꾸며져 있는 가게도 바뀔 것 같아서 조금 아쉬워져요. 눈에 많이 담아둬야 해요.

집 앞에는 도로가 있고요. 그리 크지 않아요. 발달된 곳은 아니라서요. 횡단보도만 있고 신호등은 없는 도로를 넘어서 가는 곳은 마트예요. 집 앞에 마트가 있어서 자주 가요. 이름은 하나로마트인데 어릴 적부터 다녔어요. 포인트 적립은 어릴 때부터 쓰던 거로 해요. 이젠 직원분들도 외워주세요. 번호 네 자리에 이름. 새로 오신 분도 계시는데 그분도 외우셨는지 김민지 맞냐고 물으세요.

그럼 저는 가식적으로 "네 맞아요." 하고 대답해요. 속으로는 정말 즐거워요. 안 기쁠 수가 있을까요. 또, 가끔 영수증 챙겨주시면서 오빠 주래요. 저랑 동생은 안 챙기는데 오빠는 챙긴다면서. 괜히 짜증 나지만 이것도 내심 기분 좋아요. 사소하지만 기억해주고 챙겨주는 건 참 고마운 것 같아요.

마트는 그리 크지 않은데요. 1층만 있고 카운터가 세 곳 있거든요? 그런데 거의 두 곳만 써요. 직원이 없는지 바쁜 건지 저도 잘 모르겠어요. 작은 마트지만 빵도 팔아요. 자동문이 열리고 조금 걸어서 오른쪽에 바로 빵 코너가 있어요. 마카롱도 파는데 들어온 진 얼마 안 됐어요. 맛은 바나나, 딸기, 쿠키앤크림이 있고 천 원이에요. 크기에 비해 싼 가격이라 생각해요. 마카롱을 좋아하는 저는 즐겨 먹어요. 헤헤. 피자빵도 팔고, 식빵도 팔고, 손바닥만 한 치즈케이크도 팔고, 도넛도 팔아요. 그리고 깨찰빵이 맛있어요. 마카롱만큼이나 제가 좋아해요.

저의 집에서 봤을 때 마트 왼쪽엔 여러 건물이 있어요. 작아요. 다 1층에 높아봤자 옥상이에요. 중간중간 틈이 밤에 보면 무서운데요, 낮엔 정말 평화롭고 그 낡은 벽들이 참 묘해요. 저 건물들도 새것일 때가 있었겠죠. 오른쪽부터 순서대로 농약, 약국, 밥집, 미용실, 다방, 그리고 지에스 편의점이 있어요. 약국은 최근에 보니 임대라 쓰인 종이가 붙어있었고요, 머리 자를 때가 되면 여기 미용실로 가요. 이름은 수빈미용실이에요. 아주머니가 친절하세요. 몸매도 좋고 시원시원하세요. 어르신들을 잘 대하시는 것 같아요. 숏컷하다가 투블럭을 하러 갔는데 멋있다고, 저 같은 사람 좋아한다면서 힘든 일 있으면 말하래요. 저는 왜 멋있는지 모르겠지만 좋은 분이세요. 머리 자르면 팔천 원이에요. 만 원 들고 가면 이천 원을 받고 팔천 원 들고 가면 두 손 자유롭게 집으로 가요. 가끔 깎아주시기도 해요. 뭐든 엿장수 마음인 거죠. 자주 가다 보니 평소처럼 잘라 달라고 하면 잘해주세요. 미용실 문 앞엔 가끔 빨래 건조대가 있어요. 널려 있는 건 다양해요. 날마다 문 닫는 시간이 다른데 그냥 해지기 전에 적당히 들어가시는 것 같아요.

다음은 편의점인데요. 참 좋지만 사실 여기엔 슈퍼가 있었거든요. 옆에 다방이랑 이름이 같았던 거로 기억해요. 정말 다른 건물들처럼 작고 바닥이나 선반들이 예스러웠어요. 보석 사탕 같은 군것질거리들을 팔았는데, 언제 보니 지에스 편의점이 들어서고 있더라고요. 아주머니가 어떻게 생겼는지도 기억나질 않는데 무슨 추억이 있다고 싱숭생숭할까요. 저는 아직도 어쩌다 지에스 편의점이 들어왔는지 몰라요.

말은 이렇게 하지만 하나로마트보다 자주 가는 것 같아요. 더 다양한 음료수, 과자, 편의점에만 있는 음식들. 자연스러운 거죠.

그리고 여기 점장님도 착하세요. 역시 자주 가서 그런지 얼굴도 기억해주고 저희 오빠, 동생 얼굴도 알아요. 몇 년 안 됐는데 말이에요. 점장님은 낮에 계시는데 친절하고 귀여우세요. 남자분이고요. 아침 일찍 학교 가기 전에 찾아가면 학교 안 가냐 묻기도 하고 가끔 유통기한 조금 지나서 못 파는 제품들을 같이 나눠 먹으라고 챙겨주시기도 해요. 저희는 편의점을 밤에 가서 자주는 못 봐요.

이 글을 하루에 다 쓰진 않았어요. 그래서 말인데요. 오늘은 신관으로 놀러 갔거든요? 오늘따라 기분이 너무 좋은 거예요. 11시 반이었는데 햇살도 너무 좋고 세상이 막 밝고 꽤 많이 본 길거리가 너무 아름다워서 갑자기 죽는 거 아닌가도 생각했어요. 운이 너무 좋으면 불안해지잖아요. 그리고 아무 일도 없었으니 이런 글 쓰고 있겠죠? 맞다, 친구가 늦으니 아빠랑 같이 서우마트로 장 보러 갔어요. 여기부터 기분이 좋았던 것 같아요. 하나로마트랑 달리 에스컬레이터도 있고 넓기도 넓었어요. 주차장도 크고요. 서우마트 반대편에서는 노래가 흘러나오고 공사 중인 것 같았는데, 무얼 하는진 몰라요. 뭐든 완료되면 다시 와보고 싶어요.

친구랑 같이 신호를 기다리는데 웃긴 걸 발견했어요. 두 빵집이 붙어있는 거예요. 어떻게 보면 라이벌인데 대놓고 붙어있으니까 웃겨요. 옆엔 속옷집도 있는데 가끔 그런 가게들을 보면 저거나 사달라며 장난도 쳐요. 메가박스에서 영화를 예매하고 떡볶이를 먹으러 가요. 별로 멀지 않은데 중간중간 보이는 건물들이 참 많아요. 국수 가게도 있고, 옷 파는 가게도 있고, 인형 뽑기 하는 곳도 있고, 미용실도 있고 많아요. 많은 유혹을 이겨내고 떡볶이를 먹어요.

맛있게 먹고 나왔더니 시간이 꽤 남아요. 그래서 동경 홈마트를 갔어요. 언제부터 있었을까요? 다 망해도 여긴 남아있을 것 같아요. 사라지면 신기할 거예요. 매장 밖에 있는 다양한 물건들이 눈길을 끌어요. 괜히 소장 욕구가 불타요. 정말 쓸모없는 것들인데도. 하지만 다 추억이잖아요. 그쵸?

그리고 저는 학교도 좋아해요. 학교만 좋아해요. 초등학교부터 몇 년째 학교에 다니고 있는데 등교는 아직도 싫고 적응 안 돼요. 오빠는 영명고를 다니는데 저 때문에 맨날 늦는대요. 아빠가 조금만 더 일찍 일어나라 하는데, 알아들은 척만 했어요. 아니 그럼 졸린 걸 어떡하라고. 아무튼, 학교 좋아합니다. 네. 겨울이라 아침엔 해가 덜 떠서 기분이 묘해요. 해가 나보다 늦게 나오는데 왜 난 등교해야 하지? 억울하거든요. 그래도 그러려니 하고 걸어요. 억울하지만 꽤 예뻐서요. 진짜 새벽만큼은 아니지만, 남아있는 새벽의 색이 예뻐요. 수업 듣기를 싫어해서 그런지, 아니면 이제 생기가 도는 건지 하굣길이 너무 좋아요. 넓은 운동장을 보다 보면 탁 트인 느낌도 들고요. 신발장에서 친구를 기다리다가 같이 가요. 가끔은 먼저 나갔다가 걸으면서 기다리기도 해요. 날이 추우니까 얼굴도 어는데, 이 느낌도 좋아해요. 시원하고 겨울 냄새도 같이 느껴지면 걷기만 해도 재미있어요.

저는 정문과 후문 중에서 후문으로 가요. 혼자 걷기엔 꽤 넓은 내리막길이에요. 가끔 고양이도 어슬렁거려요. 어제는 검은 고양이를 봤어요. 뒷발에 양말 신었더라고요. 흰색. 양옆엔 사람 사는 집들도 있고, 가다 보면 문구사가 있었는데 사라졌어요. 주차장을 만들려나 봐요. 점포 정리한다고 세일 광고하던 게 기억이 나요. 갈수록 세일 퍼센트가 올라는 걸 구경하는 맛이 있었어요. 그 안엔 불량식품도 있고 정말 다양했어요. 쓸데없는 거 사가기도 하고 친구들이랑 샤프도 같이 샀고 마지막 날엔 반지도 맞췄어요. 진짜 못생기고 구렸어요. 그런데 그거 끼고 나란히 걸으면서 엄청 웃었어요. 원래도 싼 반지를 점포 정리한다고 더 싸게 샀는데 너무 큰 즐거움을 받지 않았나요? 초등학교 때는 학교 주변에 문구점이나 군것질할 가게도 없었거든요. 그래서 중학교 처음 올라왔을 때 신기했어요. 많이 사도 돈이 얼마 안 되는 불량식품을 사서 터미널 가면서도 먹고 동생도 줬어요. 집 앞 마트에서도, 편의점에도 팔지 않았으니까요. 몸에 안 좋을 것이 뻔히 보이는데도 맛있어서 자주 사 먹었어요. 얼마나 봤다고 그새 문구사 아저씨랑 정이 들었어요. 어차피 나중엔 생김새도 기억나지 않을 테지만요. 즐거웠던 날도 지금은 즐거웠다는 것만 기억하지, 얼마나 어떻게 즐거웠는지 잘 기억이 안 나요. 놀고 난 후에도 집에 오면 기분이 이상해요. 막 웃다가도 한순간에 지나가 버려서는 다신 오지 않을 그 느낌들이 아쉬워요. 그래서 또 놀러 가고요.

후문 끝자락 왼쪽엔 미니스톱 편의점이 있어요. 가끔 들어가요. 저는 지에스가 더 좋거든요. 미니스톱을 무시하고 직진하다 보면 대기 타는 택시들이 보여요. 그럼 택시 탈 사람을 구하는 애들이 생각나요. 타는 애들이 많으니까 이렇게 대기 타는 거겠지 하고요. 저는 탈 일이 없으니까 계속 직진해요. 직진하면 짧은 다리가 있는데, 장날 옷이랑 골동품 같은 걸 팔아요. 정말 편해 보이는 바지가 걸려 있는데 또 사달라고 장난쳐요. 그런데 친구는 있대요. 조금 부러웠어요. 우리 아빠도 집에서 입는데···. 진짜 편해 보여요.

다리 지나면 지에스 편의점이 나와요. 이쪽 지에스도 점장님이 착하세요. 백 원, 이 백 원 정도는 가끔 깎아주셔요. 저는 동전 꺼내기가 귀찮으셔서 그런 거라 믿어요. 그래도 기분 좋은 건 어쩔 수 없지만요. 계산하면서 친근하게 말도 걸어주시고 삼각김밥 같은 걸 사면 데워줄까 하고 물으세요. 저는 차갑게 먹는 걸 선호해서 데워달라 한 적은 없어요. 하핫. 최근에 재미있는 일이 있었는데요, 후문에서 나와서 왼쪽으로 꺾은 다음 공주중까지 걷다가 다시 오른쪽으로 꺾으면 '차얌'이라고 밀크티랑 와플 파는 가게가 나오거든요. 기본 와플은 천 원, 제일 싼 밀크티가 구백 원이에요. 처음 먹었을 때 맛있는데 싸기까지 해서 충격먹었어요. 그 후로 단골이 되어버렸고요. 헤헤. 코로나 때문에 격주할 때에도 나와서 먹었던 것 같아요. 수요일 날 수채화를 하러 학교에 갔거든요. 그렇게 매주 빠짐없이 먹었어요. 많이는 주에 세 번까지 갔던 것 같아요. 단골이라 처음에는 오레오 과자를 서비스로 주시더니 최근엔 마카롱도 받아먹었어요. 그리고 이게 중요해요. 지에스 편의점에서 마주쳤는데 점장님이랑 모자지간이셨어요. 너무 놀랐어요. 그런데 갑자기 먹고 싶은 거 고르라고 사주겠다 하시는 거예요. 당황스러웠는데 친구는 초코바, 저는 천하장사 소시지를 골랐어요. 투플러스 원이었어요. 옆에 디저트 종류 가리키면서 이런 거 고르라 말씀하시는데 부담됐던 건 아니고 안 당겼어요. 미안해요. 아무튼, 얼떨결에 손에 소시지 세 개를 쥐고 나왔어요. 너무 놀라서 쓰려던 상품권도 못 썼어요. 얼굴이 전혀 안 닮아서 몰랐는데 후에 다시 생각해보니 성격이 닮았더라고요. 어쩐지 그 인심이... 똑 닮았어요.

지에스에서 계속 걷다 보면 철물점도 나오고 보신탕집도 나오는데 저는 보신탕집 냄새를 좋아하지 않아요. 그런데 철물점 냄새는 좋아해요. 친구도 그래요. 이젠 마스크 때문에 잘 맡아지진 않지만요. 철물점을 지나고 오른쪽으로 꺾어서 도로 하나 건너면 버스 터미널로 갈 수 있어요. 최근에 공사를 계속하는데 낡은 건물들을 바꾸나 봐요. 그냥 뚫려있던 터미널도 이젠 바뀌었어요. 시설이 좋아지긴 했는데 좁은 느낌이 없지 않아 있어요. 터미널 주변엔 시장이 있는데 코로나 전에는 떡볶이도 자주 사 먹었어요. 맵기도 맵지만 정말 맛있었어요. 호떡을 사 먹으면 가끔 하나 더 주시기도 하고 그래요. 다들 정이 많으신 것 같아요. 괜히 저도 정들어요. 내적으로 막 친밀감이 쌓이거든요.

버스를 타면 어르신들이 많이 계셔요. 제가 타는 버스가 워낙 그렇기도 하고요. 저는 버스의 덜컹거림을 좋아해요. 흔들의자 같은 느낌이랄까? 죄송해요. 아무튼, 뿌연 창가 너머로 매일 보는 풍경이 지나가는데 질리지 않아요. 이다음에는 어디서 멈추고, 이다음에는 어떤 건물이 나오고 맞추는 재미도 있고요. 여름이면 창문을 열고 가는데 불어오는 바람도 좋아요. 시내에서 다리를 건너고, 신관에 들어서고, 코아루 아파트를 지나면 완전 시골이에요. 오른쪽은 풀숲, 왼쪽은 강이 흐르는데 예뻐요. 막 좋다, 까진 아니지만, 보다 보면 편해져요. 그리고 여기는 사람들이 잘 내리지도 않고 신호등도 없어서 쭉 달리거든요. 덜컹거림을 느끼기 좋아요. 그러다 익숙한 안내음을 듣고 벨을 눌러요. 제가 먼저 누르는데 대부분 저 혼자 내리더라고요. 조금 씁쓸해요. 내려서 살짝만 걸으면 제집이에요. 박군치킨. 익숙한 간판이 보이고 강아지들도 짖으면서 달려와요. 저는 강아지들이랑 잘 놀지 않아서 저를 무서워하는 것 같아요. 동생은 잘 놀아요. 문을 열면 아빠가 있을 때도 있고, 없을 때도 있어요. 일찍 들어가면 문이 잠겨있기도 하는데요. 뒷마당으로 돌아서 들어가요. 가끔은 동생이 가게 주방에서 라면을 끓이고 있기도 해요. 시비도 좀 털어주고요. 그런 동생을 지나서 계단을 오르고 신발을 벗으면 진짜 제집이지요. 너무 편한 내 집. 인테리어가 화려하고 예쁘지도 않지만 제일 좋아하는 집이에요. 있던 게 없어지고 없던 게 들어서기도 했지만 변함없는 내 집이에요. 커서 자취를 하고 집을 구하더라도 결국엔 여기로 돌아오고 싶어요. 언젠 간 이 집도 사라지겠지요. 그때쯤이면 저도 없을지도 모르겠네요. 그럼 상관없겠고요.

잊히는 건 슬픈 일인데요. 제가 지금 이 글을 쓰고 있는 순간에도 누군가는 죽고 누군가는 태어나고 있을 걸 알아요. 지나가는 평범한 한 사람에게도 사정이 있고 살아온 삶이 있을 걸 생각하면 기분이 이상해져요. 그냥 스쳐 지나가는 사람이지만 저 사람도 무언가를 향하고 있겠지 하고요. 친구를 만나러 가는 걸까, 집에 가려나 저는 죽을 때까지 모르겠죠. 그래서 글을 쓰면서 재미있었어요. 죽으면 끝이라 생각해서 다수의 기억에 남는다거나 하는 거창한 꿈이 있진 않아요. 글을 쓰기 전에는 저도 지나가는 한 인물이겠지만, 이젠 그저 스쳐 지나가는 인물은 아니게 되었네요. 그래서 어떤가요? 김민지가 기록한 공주 말이에요. 김민지가 태어나기 전부터 공주에 살고 있던 사람도 있겠죠. 저보다 먼저 공주가 고향이었고, 더 많은 추억이 있고. 당장 제 아빠만 해도 그렇고요. 즐거웠나요? 300살 할머니의 열다섯이 조금 느껴지나요? 봐줘서 고마워요. 글이 너무 길어진 것 같기도 하네요. 책 실릴 거 생각하면 부끄럽고요. 나중에 커서 봤을 때가 기대돼요. 이제 진짜 마무리! 안녕! 야호!

사진에 처음 담아 보는 우리 동네

박연진 3학년

언제나 평화로운 우리 동네 공주시 의당면 요룡리를 소개합니다. 일단 요룡리는 옛 지명인 요량과 요동, 오룡동에서 '요'자와 '룡' 자를 따서 만들어진 이름입니다. 오룡동이란 지명은 옛날에 이 마을 앞에 있는 못에 5마리의 용이 살았다는 전설에서 유래되었다고 합니다. 요룡리에 있는 저수지도 이 전설에 따라 오룡지, 오룡저수지라고도 불립니다. 요룡저수지는 토종 붕어가 많이 서식하여 낚시터로 잘 알려져 있습니다. 서늘하며 안개 낀 모습이 딱 떠오릅니다. 생각만 해도 정말 탁 트여서 정화되는 기분입니다. 어렸을 땐 자주 갔었는데 점점 커가면서 그것만이 줄 수 있는 소중함도 잊게 된 것 같습니다. 조만간 그 기분을 직접 느끼러 오랜만에 가 봐야겠습니다.

할머니께서 종종 얘기해주셨던 요룡리의 한 일화가 있는데요,

1995년쯤일까. 어느 날 저수지에 홍수가 났습니다. 그때 할머니가 사시던 집이 동네에서 가장 높은 곳이어서 사람들이 할머니 댁으로 소를 끌고 왔었다고 합니다. 소가 그렇게 중요한 식구였나 봅니다. 또 그 와중에 거기서 낚시를 하는 분들도 계셨다고 합니다. 재밌기도 하고 헛웃음이 나오기도 합니다.

우리 동네에서 제가 경험한 인상적인 에피소드를 떠올려 보고 써보라는 선생님의 말씀을 듣고 생각해봤는데 무척 당황스러운 사건 하나가 생각났습니다. 시골에 사는 사람들이라면 한 번쯤은 겪어봤을 만한 일, 목줄이 풀려 날뛰는 개들 말입니다. 길을 마구 활보하는 개 때문에 다리가 떨릴 정도로 무서웠지만, 간신히 뛰어서 버스를 탄 날도 있었습니다. 하마터면 지각할 뻔한 날이었습니다.

태극기가 펄럭이는 건물은 우리 마을회관입니다. 조용한 우리 마을에서 가장 시끌벅적한 곳이라고 할까요. 어느 날은 회관 앞에

서 제사를 지내기도, 윷놀이를 하기도 합니다. 어르신들이 모이셔서 같이 계신 모습을 보면 저도 모르게 편안해지는 것 같습니다. 마을 어른들은 만날 때마다 항상 온화한 모습으로 인사를 받아주십니다. 그럴 때마다 너무 감사합니다.

항상 봐오던 거라 익숙했던 것들도 사진으로 찍어 기념하니까 분명히 직접 보는 것과는 다르게 다가왔습니다. 내가 사는 이 동네에 대해 부족하지만 조금은 알게 되었습니다. 그러면서 작은 행복을 얻었습니다. 이 사진뿐만 아니라 다른 사진들을 찍으면서 '여기가 이렇게 아름다운 곳이었나'하고 생각했습니다. 기분도 좋아지고 그냥 단순히 사진을 찍는 일이었지만 재미있고 행복해지는 시간이었습니다.

우리 동네, 이인면 구례실

이혜빈 3학년

저는 가끔 힘들거나 기분이 별로 좋지 않을 때마다 동네 한 바퀴 산책을 해요. 제가 가장 좋아하는 산책길을 소개하겠습니다. 우리 동네 주소는 충청남도 공주시 이인면 구례실길이에요. 집에서 나가면 가장 먼저 옛 회관이 눈에 들어옵니다. 구례실길4-1이 회관의 주소예요. 1995년 7월 6일에 완성이 됐는데 2015년에 다른 분께 저 건물을 팔고 다른 곳으로 옮겨가서 지금은 빈 건물이에요. 회관을 보며 가끔 옛 추억을 떠올리곤 해요. 저기서 마을 사람들이 고기 구워 먹으면서 잔치를 했어요. 개구리도 튀겨 먹었어요. 지금 생각해보면 제가 개구리를 어떻게 먹었는지 모르겠어요. 할머니를 따라 초등학생 때부터 회관에 놀러 다녔으니 벌써 5~6년 전의 일이네요. 할머니는 이곳에서 TV도 보고 할머니들과 이야기도 하고 화투도 치면서 즐겁게 지내셨어요. 지금은 아무도 없는

구례실 마을 입구. 가장 왼쪽 건물이 마을회관

낡은 건물이지만 저에겐 추억이 담긴 아주 소중한 장소랍니다.

그리고 회관을 등지고 왼쪽으로 쭉 올라가면 정자가 보입니다. 가끔 걷다가 힘들면 앉아서 쉬는데 정자에 앉아서 바람을 쐬면 정말 시원하고 기분이 좋아져요. 그리고 앉아서 마을을 둘러보면 정말 예쁘더라고요. 정자 옆에 나무에서 무슨 빨간 열매를 따먹기도 했는데 정말 맛있었어요. 아빠께 여쭤보니 저 정자도 꽤 오래전부터 있었다고 해요. 정자에 가면 할머니, 할아버지들께서 앉아계시는데 제가 아빠 딸이라고 말하면 "많이 컸네. 요만할 때 봤는데."라고 말씀하셔요. 저는 제 어렸을 때가 잘 기억이 안 나는데 저보다 저를 더 잘 아시더라고요. 이 말을 들을 때면 옛 기억이 떠오르기도 해요. 정자 앞에 무덤이 있는데 눈이 많이 오면 친구들과 무덤 옆에 눈사람을 만들어서 세워놓곤 했어요.

다시 정자에서 산 쪽으로 계속 걸어가면, 2017년 1월 13일에 세워진 우리 동네 신영 교회와 그 앞에 카페, '연서'가 있어요. 카페의 주소는 336-8(와룡길 163-1)이에요. 교회 앞에 아빠가 모판을 키우는 하우스가 있어서 한 번은 아빠한테 가려고 갔었는데 카페 사장님과 이야기를 나누고 계시더라고요. 그래서 인사를 하고 아이스티도 공짜로 먹었어요. 아이스티 마시면서 사장님과 이런 저런 이야기를 나누었어요. 사장님이 저희 할머니를 정말 좋아하셔서 팬이라고 말씀하시더라고요. 우리 할머니는 사교성이 좋아서 누구에게나 친절하고 이야기도 잘 들어주시거든요. 야구를 하는 제 동생에 대해서도 잘 아시더라고요. 한참을 이야기를 나누다가 가려고 하니깐 사장님께서 앞으로 더 많이 놀러 오라고 하셨어요. 맛있는 것도 먹고 수다를 떠니깐 기분도 훨씬 좋아졌어요.

신영교회 앞, 까페「연서」

우리 동네에서 가장 특이한 장

2020년 12월, 공주역

소는 공주역이에요. 공주역의 주소는 충남 공주시 이인면 새빛로 100이에요. 공주역은 환경적으로 봤을 때는 안 좋지만, 저에겐 어렸을 때 추억이 가득 담긴 놀이터 같은 곳이에요. 먼저 공주역에 대해 간단히 소개하면 2013년 6월에 공사를 시작해서 2015년 4월 2일부터 영업을 시작했어요. 공주역의 연면적은 4,459㎡이고 건축면적은 4,001㎡에요.

지어지기 전에 정말 문제들이 많았는데 그때 기자가 우리 마을에 와서 공주역 짓는 것에 대한 의견을 인터뷰하기도 했어요. 저는 몰랐는데 그때 기사에 저희 엄마가 나왔었대요. 저도 공주역이 저희 마을에 지어지면 시골의 환경이 망가질까 봐 그때 당시

구레실의 350살 버드나무. 왼쪽 나뭇가지 끝 쪽으로 멀리 공주역이 있어요

동생들이랑 가서 공사 못 하게 돌을 던져 놓고 심지어 동생들은 거기에 오줌도 쌌어요. 지금 생각해보면 참 귀여웠던 것 같아요. 그때는 어려서 그렇게 하면 공사를 못 하게 될 줄 알았어요. 공주역이 지어지고 난 직후에는 주차장에 차가 거의 없어서 인라인스케이트도 타고 자전거도 타면서 놀았어요. 또 한번은 아는 삼촌이 거기서 일했던 적이 있는데 그때 KTX 타는 곳까지 올라가 보기도 했어요. KTX를 타본 적이 없어서 그때는 마냥 신기하기만 하더라고요. 가끔 아이스크림 먹고 싶으면 아이스크림 사러도 왔었어요.

지금은 바빠서 많이 못 가지만 밤에 창문을 열어 놓고 공부하면 기차가 지나가는 소리가 들리는데 지금도 그 소리를 들으면

5~6년 전의 추억이 떠올라 가끔은 눈물이 나오기도 해요. 그때는 주차장에 차가 없어서 가족들과 인라인도 타고 자전거도 타며 즐겁게 놀았는데 지금은 차들도 많고 동생도 바빠졌어요. 이제 우리 가족이 그곳에 가서 노는 일은 없어요.

소학동의 효자 향덕

김현진 3학년

우리나라에서 최초로 정려를 내려받은 인물이 누구인지 아시나요? 바로 공주시 소학동 76-7에 있는 효자향덕비의 주인공인 향덕입니다. 정려란 예전에, 충신, 효자, 열녀를 기리기 위해 그 동네에 정문旌門을 세워 표창하는 일을 말합니다. 저의 할머니께서 지금도 소학동에 사시고 효포초등학교 다닐 때 방과후 활동 시간에 선생님들께 배워서 향덕의 이야기를 알고는 있었습니다. 효자 향덕을 주제로 연극반에서 언니들이 연극하는 것도 보았습니다. 이번에 좀 더 자세히 알아보고 사진도 찍기 위해 소학동에 자주 가게 되었습니다.

효자향덕비는 신라 경덕왕 때 효자 향덕이를 기리기 위해 세워진 정려비입니다. 충청남도 유형문화재 제99호인데 경덕왕 때 세워진 비석은 남아있지 않고 후대에 세운 비석 두 개가 남아있습니다. 그중에 좀 더 오래된 비석은 윗부분이 부서지고 사라져서 아랫부분만 있고 그 옆에 있는 비석은 1741년 영조 때 세워진 것입니다. 비석이 있는 건물(비각)은 1980년에 공주 군수가 효자향덕 행적비를 세우면서 함께 지은 것이라 합니다. 비각 옆에는 500년이 넘은 수호수, 느티나무가 있습니다.

경덕왕이 왕 위에 오른 뒤 몇 년간 흉년이 들어 백성들은 굶주림과 전염병에 시달리게 되었습니다. 소학동에 살던 향덕이는 어렸을 때부터 마음이 곱고 착한 아이였고 향덕의 아버지도 성품이 좋아서 고을에서 존경받던 사람이라고 합니다. 향덕의 부모도 굶주리다 병을 얻게 되었는데 특히 어머니는 등에 종기가 나 거의

효자향덕비 비각

죽어가게 되었습니다. 향덕이는 밤낮으로 정성을 다해 어머니를 간호하면서 등창의 고름을 입으로 빨아냈습니다. 하지만 어머니께 드릴 음식이 떨어지자 결국 자신이 허벅지 살을 베어내었고 이를 끓여, 드시게 했습니다. 하늘이 감동했는지 어머니는 기력을 회복하셨습니다.

향덕이는 도려낸 허벅지의 상처가 아물기도 전에 냇가에 가서 부모님께 반찬을 해드릴 고기를 잡았다고 합니다. 상처에서 흘러내린 피가 물줄기를 따라 흐르는 것을 본 향사香使:제향(祭享) 때에 향을 맡아보던 벼슬아치가 내를 따라 올라가 보니 향덕이가 거기 있었습니다. 향덕이의 피가 흐르는 허벅지를 보고 어떻게 된 일이냐 물어보자 향덕이는 지금까지 있었던 일을 얘기했습니다. 이야기를 들은 향사는 주에 보고하여 경덕왕의 귀에까지 들어가게 되었습니다. 왕은 그 효행이 널리 알려지길 바라서 집 한 채와 조 3백 곡, 그리고 토지를 하사하셨습니다. 또 지역 관청에 명하여 그의 효행을 기록한 비석과 정려문을 세워 향덕이의 효행을 널리 알리도록 했습니다. 지금도 그곳을 효자마을, 효가, 효포라고 부릅니다. 향덕이가 피를 흘리던 하천은 그때부터 지금까지 혈흔천, 혈저천이라 불리고 있습니다.

대한민국 최초로 정려가 내려진 효자 향덕이의 비가 소학동에 있음을 알리기 위해 옥룡동 기관단체협의회가 비각 주변을 가꾸고 2019년 첫 추모제를 치렀습니다. 소학동 향덕비 앞에는 150

효자향덕행적비

여 명의 사람들이 모여 추모제를 하였습니다. 저는 '효'가 그저 간단한 일이라 생각했었습니다. 하지만 효자 향덕이의 이야기를 듣고 효는 어렵다는 걸 느꼈습니다. 향덕이도 어머니를 봉양하면서 포기하고 싶을 때가 있었을 텐데 완쾌하실 때까지 참고 간호를 한 것이 대단하다고 생각했습니다. 저라면 허벅지를 베거나 입으로 고름을 빨아내는 건 생각조차 못 했을 겁니다. '나는 효도를 했나?', '내가 저 상황이면 어떻게 했을까.' 등등 많은 생각이 드는 이야기였습니다. 효자 향덕이 만큼은 아니더라도 제 최선의 효도를 부모님께 해드리고 싶습니다.

다같이 돌자
동네 한바퀴

내가 가장 좋아하는 감영길

문승미 3학년

공주에서 나고 자란 토박이로서 나는 공주라는 도시가 참 매력적이고 아름다운 도시라고 생각한다. 그중에서도 내가 가장 좋아하고 자주 가는 길은 감영길이다. 공주 감영길은 사대부고 정문 앞에서 제민천의 대통교를 건너 구 의료원 삼거리까지의 길을 말한다. '창조의 거리','예술가의 거리'라고 불릴 만큼 카페, 갤러리, 학생 백화점, 동물병원, 사진관, 아기자기한 공방, 다양한 가게들이 모여있다. 대통교를 지나 큰길로 나서면 차가 쌩쌩 다니고 사람들이 많은데, 신기하게도 이 길로만 들어서면 사람도 별로 없고 고요해서 매우 편안하고 기분이 좋아진다. 감영길은 작년엔 역사문화 콘텐츠 활용 사업의 대상이었고, 올해에는 충청부 감영길 역사문화가로歷史文化街路 사업을 하여 다른 도시에 공주를 알리고 원도심원래 도시의 중심이었던을 살리려고 노력하고 있다고 한다.

봄, 가을에 '공주 문화재 야행'이 열리는 감영길은 예쁘다. 살랑살랑 부는 바람과 선선한 온도, 사람들이 북적북적한 거리는 정말 좋다. 야행 행사 중 감영길에서 여러 작가님의 작품 감상부터 아기자기한 소품들, 태극기 그리기, 먹거리를 즐길 수 있다. 소중한 사람들과 그 거리를 걷는 일은 행복하다. 올해는 11월 30일부터 사흘 동안 제민천 대통사지에서 '근대, 자세히 보아야 예쁘다'는 주제로 야행을 했는데 코로나19 때문에 사회적 거리 두기를 유지해야 했다. 하루빨리 코로나가 사라지고 다시 북적북적한 감영길의 야행에 섞이고 싶다.

감영길이란 이름은 '역사'의 느낌이 난다. 지금 공주사대부고가 있는 그 자리는 조선 시대1603년, 선조 36부터 충청감영이었다. 감영이란 관찰사가 집무를 보던 관청을 말한다. 그래서 이 거리는 공주가 충청도의 주요 도시였을 때부터 메인스트릿이었다. 1932년, 일본의 도시재개발로 충청남도청이 대전으로 이사했는데 공주 사람들에겐 참 슬픈 일이었을 것 같다. 그때 공주 사람들은 도청의 이삿짐이 지나가는 길에 돌을 쌓거나 길에 구덩이를 파놓으면서까지 도청의 이전을 막고 싶어 했다. 우리 학교 선생님의 외할머니께서는 그때 '도청아 가지 마라'라는 노래를 공주 사람들이 지어 불렀다고 이야기해 주셨는데 어려서 들은 거라서 할머니가 부르셨던 노래를 기억할 수 없다고 하셨다. 도청을 내주는 대신 공주 사람들은 보상물로 금강 철교와 농업고등학교, 박물관 설립 등을 요구했다. 그래서 1933년 금강교와 농업학교가 서고 1938년엔 지금의 공주교육대학인 공주여자사범학교가 세워졌다. 사범학교가 생기자 공주로 들어오는 유학생들이 늘었고 하숙집이 번창하게 되어 하숙촌이라 할 만큼 감영길 주변의 인기는 컸다.

내가 가장 좋아하는 감영길엔 카페 BACH가 있다. BACH는 Book And Coffee Sandwiches의 약자이다. 카페 주인분께서 좋아하는 것들을 합쳐놓은 이름이라고 하는데 맞는 것 같다. 카페엔 책이 많고 고급스러운 샌드위치가 있다. 어른들 말씀으로는 커피콩도 고급이라고 한다. 큰 창으로 내다보이는 제민천이 정답게 느껴지는 곳이다. 이곳에선 다양한 음료와 디저트 등을 맛보며 독서를 즐길 수 있다. 재작년에 우연히 오게 된 나는 이 카페의 매력에 흠뻑 빠졌다. 가끔 이곳으로 시험공부 하러 올 때면 잔잔한 음악을 들으며 창밖으로 그림 같은 제민천 거리의 풍경을 보는 것이 너무 좋다. 창밖에서 나를 쳐다보는 길고양이들이 마치 시험 잘 보라고 응원해주는 것만 같다.

그리고 감영길엔 또 이미정 갤러리가 있다. 2층에 있는 곳인데, 계단에도 예쁜 조형물이 있다. 아래층엔 반죽동 247이라는 카페도 있어서 음료를 마시면서 수다도 떨 수 있다. 엄마의 지인께서 운영하는 갤러리인데, 매번 다양한 주제로 작가님들의 전시를

글씨 쓰는 작업실 calli의 작가님들

감상할 수 있다. 나는 가끔 도자기를 하시는 엄마가 참여하신 전시회나 다른 작가님들의 작품을 보러 가곤 한다. 매번 전시회마다 색다른 매력의 작품들이 많아서 재미있다. 작품을 보고 있으면 마음이 평화로워지는 것 같다. 마음에 드는 작품 앞에서 사진도 찍고, 갤러리를 나설 때마다 입구 옆에 있는 방명록에 붓펜으로 캘리그라피를 쓰고 나오곤 한다. 이곳은 나에게 오래도록 여운이 깊은 추억이 될 것이다.

감영길의 끝은 공주사범대학 부속고등학교의 정문이다. 현재 사대부고 자리는 공주대학교의 옛 부지이기도 하였다. 사대부고 정문은 2018년에 새로 지었다. 한옥으로 정말 크게 지어서 마치 궁궐을 들어가는 문 같다. 본래 이름은 충청감영 포정사문루다.

포정사는 충청감영의 정문으로 사용되었던 건물인데 충청감영이 처음부터 이곳에 있었던 것은 아니었다. 1603년, 충주에서 공주로 이전하면서 공산성에 설치했으나 성이 비좁아 불편했다. 1646년에 쌍수산성으로 옮겼다가 행정중심지로서의 불편함 때문에 8년 만에 제민천 주변의 옛 감영터로 돌아왔고 매년 홍수로 인해 관아가 물에 잠기는 사고가 자꾸 일어나자 1707년 봉황산 아래, 지금의 사대부고 일대에 최종적으로 자리를 잡았다. 당시엔 500여 개 건물이 있었다고 한다. 포정사문루도 여기저기로 옮겨 다니다가 이 자리에 복원됐다. 진짜는 아니지만, 이곳을 지나갈 때면 공주에 사대부고와 같은 유서 깊은 학교가 있다는 것에 자부심을 느낀다.

공주사범대학교부속고등학교 정문

큰샘골 예술가의 정원

이유진 1학년

저는 공주시 봉황동 큰샘골 봉황 큰샘 옆에 있는 '예술가의 정원'을 좋아합니다. 거긴 케이크가 정말 맛있거든요. 카페이긴 한데 카페처럼 생기지 않았고 간판도 없어서 저도 엄마가 데려가 주지 않았더라면 그곳이 카페인 줄 몰랐을 거예요. 예술가의 정원은 공주시 큰샘2길 10-5에 있어요. 큰샘골이란 마을 이름은 예술가의 정원 옆에 있는 샘 때문에 생긴 이름인 것 같아요. 큰샘은 1980년대 초까지 마을 주민들이 바가지로 떠먹은 샘이라고 해요. 대통사의 스님들도 여기에서 정한수를 길어다가 부처님께 올렸고 충청감영의 감사도 이곳의 물을 길어다 먹었다고 합니다. 물맛이 좋았나 보죠?

저는 올해 우리 학교 인문학 동아리 '다 같이 돌자 동네 한 바퀴' 활동을 했어요. 동아리 선생님이 1년 동안 우리 동네를 걸어 다니면서 공부하고 글을 써 보자고 하셨어요. 코로나 때문에 계획대로 많이 다니지 못했지만, 동아리의 친구들, 2·3학년 언니들과 함께 공산성, 우금티 전적지, 석장리 박물관, 송산리 고분군 같은 곳을 찾아가서 공부했어요.

공주학연구원에서 버스도 빌려주고 문화해설사 선생님도 소개해주셨어요. 저는 공주학연구원이라는 데가 있는 줄도 몰랐는데 공주대학교 안에 크고 멋진 한옥이 있었어요. 공주학연구원에 갔을 때 고순영 연구원 선생님께서 우리가 어떤 것을 주제로 공주 이야기를 공부하고 써나가면 좋을지 가르쳐주셨어요. 공주의 간판을 계속 촬영하여 모아두어도 좋고 플래카드, 음식점의 메뉴판 같은 것들을 촬영하여 모아두는 것도 시간을 기록해두는 좋은 방법이란 것을

예술가의 정원 옆, 봉황 큰샘

알았어요. 또 내 친구의 일상을 인터뷰하면 지금 이 시기의 중학생들은 어떤 이야기를 하고 어떤 옷을 입고 취미생활은 무엇이었는지 나중에 돌아보는 중요한 자료가 될 수 있다는 것도 배웠어요.

저는 제가 좋아하는 카페에 관해 쓰기로 마음먹었어요. 우리는 카페에 가서 공부도 하고 이야기하는 것을 좋아하거든요. 처음엔 엄마랑 함께 가본 '예술가의 정원'이 그냥 조금 특이하게 생긴 카페인 줄 알고 케이크가 맛있는 곳이라고만 간단하게 썼는데 선생님이 좀 더 알아보라고 숙제를 주셨어요. 그래서 다시 엄마랑 '예술가의 정원'에 갔어요. 엄마는 주인이신 안해균 교수님께서 인터뷰를 안 좋아한다고 하셨는데 교수님은 무척 친절하게 질문에 답해주셨어요. 선생님은 네가 공부하는 학생이라서 그렇다고 하셨어요.

가장 궁금했던 것은 예술가의 정원이 '왜 그렇게 생겼나?' 하는 것이었어요. 다른 카페처럼 큰 통유리창으로 되어있지 않았거든요. 미리 조사한 바로는 1936년에 지어졌다고 하는데 그때는 우리나라가 일제강점기였잖아요? 초가집, 아니면 기와집, 아니면 일본식 나무집 같은 것일 것 같은데 예술가의 정원은 달라요. 교수님께 여쭈어보니 그 당시 조치원, 서천, 논산 지역 등에 서양을 모방한 일본식 근대 건축물이 유행했다고 해요. 이 건물도 유행에 맞게 지어졌던 거예요. 예술가의 정원을 지은 사람은 홍원표 씨인데 부자였던 할아버지께서 1930년에 돌아가시자 손자상속(부모를 거치지 않고 할아버지의 토지를 직접 상속받음)을 하여 부자가 되었다고 하셨어요. 홍원표 씨는 그 당시 20대의 나이로 공주의 4대 부자 중 한 사람이었어요. 상속을 받은 뒤에 소작인들의 빚을 탕감해주며 많은 도움을 주었고, 정치에도 참여하셨대요. 야간학교에 도움을 주었고 금성여자고등학교를 짓도록 땅을 제공하고 자선사업도 하셨어요. 사업에도 관심이 많아 광산업 무역업을 했는데 사업 시작 후 몇 년 뒤 공주를 떠나서 동생분이 공주에 남아 이 집을 관리하셨대요. 당시에는 집터가 천 평이 넘고 나무들도 많은 아름다운 집이었고 현재 카페 중앙에 해당하는 곳이 사무실 겸 응접실이었던 곳이라고 합니다.

제가 조사해보니 안해균 교수님께서 이 건물을 산 것은 2019년 7월인데 그전에는 어떤 화가가 12년간 살면서 '예술가의 정원'이라는 이름을 붙이고 작업을 하셨다고 합니다. 안해균 선생님은 그분으로부터 집을 사서 리모델링을 하면서 이 집을 잘 보존해준

화가가 훌륭하다고 생각해서 이름도 바꾸지 않고 그대로 '예술가의 정원'이라고 하셨어요. 그리고 본래의 모습을 최대한 복원하는 것에 중점을 두고 고치셨다고 합니다. 말씀을 듣다 보니 왜 이곳이 카페 같지 않은지 궁금증이 풀렸어요. 이곳은 카페이기도 하지만 작은 갤러리와 책방이기도 한 거죠. 그리고 안해균 교수님이 인문학 강좌를 진행하는 곳이었어요. 저녁 7시부터 9시까지는 모임 공간으로도 대여해주기도 한답니다. 코로나로 인해 강의가 자주 중단되어 2~3주 전에 마지막 강의를 마쳤다고 합니다. 공주시의 다른 곳에서도 강의를 많이 하여 예술가의 정원에 오는 분들이 많지는 않지만, 공부를 좋아하고 재미있게 듣는 분들을 볼 때 좋다고 하셨습니다. 이 집을 처음 지은 홍윤표 님께서는 이곳이 '예술가의 정원'이라 불리고 있다는 것을 모르겠지만, 그분이 안다면 기뻐하실 것 같아요.

마지막으로 '예술가의 정원'에서 가장 인상 깊었던 공간을 소개합니다. 바로 조그만 갤러리예요. 매우 매력적인 그림들로 채워져 있는 작은 공간인데 큰 느낌을 주는 곳이에요. 화가이신 교수님 사모님의 그림도 걸려 있었는데 한참을 바라보았어요. 깊은 바다를 함축시켜 놓은 듯 한없이 푸른 그림이었어요.

그리고 빼놓을 수 없는 것! 보는 순간, "와, 예쁘다!"라는 소리가 나오는 인테리어, 맛있는 케이크와 차는 정말 완벽했습니다.

고가네 칼국수

김민정 3학년

안녕하세요. 저는 공주 토박이 16년 차로 공주에 온다면 먹어봐야 하는 맛집을 소개하려고 합니다. 바로 '고가네 칼국수'입니다. 충남 공주시 제민천3길 56에 있으며, 주변에는 좁은 골목길이, 다리 밑 제민천의 물소리가 들리는 것이 특징입니다. 영업은 평일:11:00~21:30, 토요일:11:00~21:00, 휴식 시간은 평일, 토요일 15:00~17:00까지이고, 일요일은 휴무입니다.

여러분? 고가네 칼국수를 알아보기 전 재밌는 사실 하나 알려드리고 소개해볼까요? 대표님께서 고가네 칼국수를 운영하기 전, 1960년대, 이곳은 직물공장 창고였다고 합니다. 공주에 직물공장이 많은 이유는 전쟁 때 공업이 발달했던 북한에서 남한으로 내려온 사람들이 공주에 터를 잡고 인견 직조를 많이 했기 때문이라고 합니다. 공장이 변두리로 이사한 뒤, 여기서 무엇을 할까 고민 중이던 대표님께서 음식을 만드는 취미도 있고 해서 칼국수 집을 시작하였다고 합니다. 처음부터 지금까지 우리 밀을 쓰면서 서민들이 먹는 국수지만 격 있는 국수를 만들어보겠다는 마인드로 쭉 운영해오고 있습니다.

맛집 바깥은 아늑하고 아기자기한 풍경을 느낄 수 있는데요. 풀과 꽃, 나무, 작은 연못, 몇 발자국 걸을 수 있는 길과 화장실도 있습니다. 사람이 많아 기다려야 할 때, 다 먹고 난 후 정원을 구경하면 좋습니다. 그럼 안에 들어가 볼까요? 고가네 칼국수는 밖에서 보면 단층인데 안에 들어가면 2층이에요. 아이들은 2층에 올라가는 것을 좋아해요. 신발을 벗고 들어가 방에 앉아서 먹는 모습이 옛날 할머니 집같이 따뜻한 느낌이에요. 주방도 열려있어서 요리하는 모습을 볼 수 있어요. 고가네 칼국수의 메뉴는 국수전골, 만두전골, 해물파전, 보쌈 수육, 그리고 여름엔 계절 특별 메뉴로 콩국수를 팝니다.

고가네 칼국수에서 먹었던 음식들에 대해 개인적인 저의 생각과 맛을 알려드리려고 합니다. 먼저 김치가 먼저 나오는데요. 김치통 안에 깍두기와 배추겉절이가 있습니다. 김치는 본인이 먹고 싶은 만큼 그릇에 담으면 됩니다. 깍두기는 새콤한 맛이 났고, 배추겉절이는 할머니가 담그신 맛처럼 정겨웠습니다. 칼국수가 나오기 전까지는 보쌈을 먹으면서 기다렸어요. 맛은 깔끔하고 담백했습니다. 다만 아쉬운 점이 있어요. 보쌈의 양이 많았으면 좋겠습니다. 얼마 먹지 않은 것 같은데 금방 바닥이 드러나욤. 전체적으론 나쁘지 않았고, 남녀노소 호불호가 갈리지 않을 법한 음식이었습니다. 보쌈을 먹는 순간 해물파전이 나오는데, 해물파전이 원래 파전과 다르게 8조각 피자 형태로 나와서 깜짝 놀랐어요. 두툼한 반죽에 새우와 오징어 말고도 별별 재료가 많이 들어있습니다. 맛은 고소하고 해산물은 신선한 것 같아요. 먹다 보면 배불러지는 게 특징입니다.

이제 고가네칼국수의 대표인 메뉴, 우리 밀 칼국수가 등장합니다! 칼국수를 먹기 전 먼저 아주머니께서 육수를 가지고 와 끓여주십니다. 육수의 농도가 맞다 싶으면 채소와 면을 본인이 먹고 싶은 대로 넣으면 됩니다. 만약 매운 걸 원한다면 양념장을 넣어 칼칼한 맛을 보실 수 있습니다! 저는 양념을 넣지 않고 칼국수를 먹어봤는데요. 칼국수는 잡내가 나지 않고, 면이 쫄깃쫄깃하면서 자극적이지 않은 맛이었습니다. 그다음 우리 밀 칼국수하고 대표적인 메뉴인 평양식 만두전골입니다. (소)자로 시키는 경우 만두 4개가 들어가고, (대)자로 시킬 경우에는 6개가 들어갑니다. 평양식 만두전골은 채소, 면, 유부, 당면으로 구성되어 있습니다. 만두 안 두부와 숙주가 가득, 부드럽고 탱글탱글하고 먹는 재미가 있습니다. 우리 밀 칼국수, 평양식 만두전골 둘 중 하나 음식을 시키면 볶음밥을 맛볼 수 있는데요, 음식의 채소와 국수를 3분의 2 정도 먹고 나면 이제 볶음밥의 시간입니다. 육수를 많이 넣는 점이 신기한데요, 그렇다고 질척거리지도 않고 계란 노른자의 꼬들꼬들한 맛과 김의 고소한 맛이 어울리는 촉촉한 볶음밥이 완성됩니다. 지금까지 저의 개인적인 맛집 후기였습니다. 어떠셨나요? 지금까지 공주 토박이가 소개하는 맛집 글을 읽어주셔서 감사합니다!

중동성당과 골목

이시민 1학년

아빠의 오래된 정장처럼 단정한 중동성당

공주에서 오래된 건물 중 하나로 유명한 중동성당이다. 중동성당은 1937년에 완공되어 지금까지 약 90여 년의 역사를 이어오고 있다. 나보다 무려 약 76년의 세월을 더 산 것이다. 공주는 한국에 입국하는 선교사들이 많아지고, 1896년부터 최양업 신부 이후 처음으로 한국인 사제들이 서품을 받음으로써 새로운 본당들을 설립할 수 있게 되었다고 한다. 뮈텔 주교는 1897년 5월 8일 공주 본당 설립을 위해 기낭 신부를 파견하였다고 하는데 공주 읍내에는 마땅한 거처가 없어서 3개월 동안은 유구읍의 요골 공소에 머물렀다고 한다. 이후 현재 공주중동성당이 자리한 국고개에 11칸짜리 기와집을 매입하면서 비로소 공주 읍내에 자리 잡을 수 있었다. 그 후 1937년에 완공된 현재의 성당 건물은 최종철 신부의 삶이 묻어 있는 건축물이다. 1920년에 사제품을 받고 이듬해 공주 본당 주임으로 발령받은 최종철 신부는 오랜 준비 끝에 1937년 5월 12일에 공주 국고개 언덕에 아름다운 성당을 지어 봉헌하였다. 중동성당은 공주 지역 최초의 천주교 성당인데 본래 이름은 공주 성당이다. 신도가 많아져 교동성당이 따로 세워지면서 중동성당이라 불리게 되었다고 하는데 지금은 신관동성당도 있다.

중동성당은 중세기의 고딕 건축 양식이라고 한다. 문과 창문은 모두 아치형으로 되어 있고, 멀리서도 보이는 뾰족한 지붕이 눈에 띈다. 벽은 붉은색 벽돌만으로 이루어져 있어 내가 즐겨 먹

는 레드벨벳 케이크가 떠오른다. 중세기의 고딕 건축 양식이라고 설명하면 괜히 교과서 같아 머리 아프다. 그냥 아빠의 오래된 정장 차림처럼 단정한 느낌이다. 과하게 화려하지 않은 수수함이라고나 할까? 중동성당은 조금 높은 곳에 있어서 사진에 보이는 것처럼 계단을 올라가야 하는데 사람마다 다르겠지만 나는 조금 힘들다고 느꼈다. 하지만 계단을 다 올라가 성당을 보니 왜인지 마음이 편안하고 고요했다. 오랜 시간, 그 자리를 지켜온 중동성당의 분위기가 그렇게 느껴진 것 같다. 중동성당에 대한 정보가 내 느낌이나 인터넷 검색만으로는 부족해서 신부님께 면담을 요청했으나 실패했다. 코로나19로 인해 성당 문도 굳게 닫혀있었다. 성당 안의 모습도 둘러보고 싶었는데 조금 아쉬웠다. 빨리 코로나19가 종식되어 중동성당의 문이 다시 열리기를, 역사가 계속 이어지기를 바란다.

삐뚤삐뚤, 울퉁불퉁한 골목길

중동 성당 근처에 있는 어느 골목길이다. 원래 영화에서 보면 주로 이런 골목길에서 범죄가 자주 일어나는데 낮이라 그런지 몰라도 별로 무섭게 느껴지지 않았다. 오히려 정겨운 느낌이 들었다. 길바닥에 버려진 담배꽁초, 페인트칠이 다 벗겨진 벽들, 옹기종기 붙은 집들, 이리저리 놓인 전봇대의 전깃줄. 모두 정겹게 느껴진다. 난 이런 삐뚤삐뚤, 울퉁불퉁한 골목길을 좋아한다. 끝이 살짝 굽어있어서 더 들어가야 더 깊은 골목길을 볼 수 있는 호기심 유발 골목길. 대도시처럼 직선으로 쭉 뻗은 길보다 이런 길이 더 좋다. 구수한 된장찌개 냄새가 퍼질 것 같은 골목길. 왜인지 시골 할머니 집이 생각나는 골목길이다.

초록색 대문이 있는 이층집

이 사진은 공주 구도심에 있는 저택을 찍은 것이다. 지금은 20층을 훌쩍 넘어 고개를 꺾어 올려다봐야 하는 아파트가 줄지어 세워지고 있지만, 할머니가 계신 시골에 가면 한 번쯤은 볼 수 있는 집이다. 우리 할머니 집은 공주는 아니지만, 시골이라 이런 집을 많이 봐왔다. 나는 한 번도 이런 집에서 살아본 적이 없다. 어렸을 적에 할머니 집에서 잠깐 자란 것 빼고는 쭉 아파트에서 살아왔다. 그런데 왜일까, 고층 아파트의 유리로 이루어진 현관문보다, 깔끔하게 페인트가 칠해진 벽보다, 수 십층에 달하는 으리으리한 빌딩보다, 귀신이 나올 것 같은 이상한 소리를 내는 초록색 대문이, 페인트가 군데군데 벗겨지고 빛바래진 벽이, 고개를 살짝만 올려도 볼 수 있는 이층집이 더 정겨운 것은. 참 이상한 일이다. 세월 때문인 건지, 다른 것 때문인지 아직 잘 모르겠다. 세월이 흐르면 나도 지금 사는 아파트를 정겹다고 느낄까?

동네 슈퍼는 이런 맛에

이 사진은 요즘은 잘 볼 수 없는 동네 슈퍼를 찍은 것이다. 요즘은 대형마트 혹은 편의점이 집 앞에 무수히 많이 있어서 동네 슈퍼를 갈 일이 별로 없다. 내가 태어났을 때는 이미 마트와 편의점이 보편화 되어있었기 때문에, 구멍가게나 동네 슈퍼를 간 기억이 없다. 이 사진을 찍으면서 살짝 둘러봤는데 확실히 요즘 마트들보다 허름했다. 주인아저씨께서는 조그마한 평상에 앉으셔서 이웃분들과 이야기하고 계셨다. 요즘 마트는 어떤 일이 일어날지 모르기 때문에 계산대나 가게를 비우면 안 되는데 참 재밌는 광경이었다. 허름한 벽이나 한없이 부족한 안에 있는 물건들도 대형마트였다면 지적받을 사항이었지만 전혀 불쾌하지 않았다. 동네 슈퍼는 이런 맛에 가는 건가 보다.

동아리 활동을 하며

처음 동아리 활동을 한다고 한 것은 순전히 글이 좋아서였다. 책을 워낙 좋아하고 글 쓰는 것을 좋아해 인문학 동아리 활동을

한다고 한 것이다. 그래서 우리가 공주의 이야기를 책으로 낼 것이라는 말에 덜컥 겁이 났다. 띄어쓰기, 맞춤법도 제대로 모르는데 눈앞이 캄캄했다. 아직 글도 제대로 못 쓰고 공주에 대해서 잘 알지도 못하는 내가 글을 쓸 수 있을까? 하지만 선생님, 동아리 친구들과 공주 여기저기를 다니면서 이야기를 모으고 사진을 찍다 보니 '책은 작가만 내는 건 줄 알았는데 뭐 별거 아니네.' 하는 자신감이 생겼다. 공주에 살면서 한번도 관심을 가져보지 않았던 숨겨진 공주의 이야기를 찾는 것이 의외로 재미있기도 했다. 이제는 버스를 타고 가면서 선생님이 말씀해주셨던 국고개 이야기를 떠올리며 혼자 웃음 짓기도 한다. 코로나 때문에 많이 돌아다니지 못한 것이 아쉽지만 짧은 시간에 비해 공주에 대해 많은 것을 알았다.

학생이라서 서툴지만, 학생이니까 할 수 있는 생각으로 글을 썼다. 나는 이 글이 어려워서 인상을 찌푸리는 글이 아니라, 빙그레 웃을 수 있는 글이 되었으면 좋겠다.

할머니의 평생 직장,
공주 다래원과 두부마을

윤채은, 장인원 3학년

3학년 1반 장인원의 할머니이시며 공주 다래원, 고마 두부마을 가게의 사장님이신 이순자 사장님을 뵈러 갔다. '우리 동네 이야기 쓰기' 국어 프로젝트 수업의 과제로 하게 된 인터뷰였는데 인원이와 같이 질문을 만들어보니 어떤 대답을 해주실지 궁금해지기도 하고 기대도 되었다. 먼저 몇 년 동안 가게 일을 하셨는지, 언제까

지 하시고 싶으신지에 대하여 여쭈었는데 처음 답변부터 정말 놀라웠다. 사장님께서는 무려 39년째 이 일을 해오고 계셨고 70세까지 가게 일을 하고 싶다고 하셨다. 내년이면 40년, 지금 우리 나이의 두 배보다 많은 시간이라고 생각하니 정말 존경스럽고 대단해 보였다. 그리고 더욱더 대단해 보였던 것은 1층과 2층 다 사장님 가게라는 것이었다. 1층과 2층을 다 보았는데 무척 넓었다. 각각 다른 음식을 하는 가게였다. 몇 명의 직원분들과 사장님 아드님(인원이 작은아빠)께서 도와 운영하고 계셨다. 39년 동안 이렇게 크고 멋있는 가게를 운영하신 사장님이 너무 멋있었다. (채은)

할머니는 처음 가게를 차렸을 때 오랜 꿈을 이룬 것이라서 정말 행복했다고 하셨다. 오늘 할머니의 표정도 그때를 떠올리는지 행복해 보이셨다. 39년 동안 쉼 없이 일만 바라보고 계신 할머니를 볼 때 나의 눈은 존경과 감사함으로 가득 채워진다. 신진가든 옆에서 매운탕 집을 하시던 할머니는 할아버지께서 젊은 나이에 교통사고로 돌아가신 뒤 가족들의 생계를 책임져야 한다는 생각으로 끝없이 일하셨다. 강북식당 주유소 옆에서 아구 자갈치 전문집을 10년 하셨고 공주대학교 쪽으로 옮겨 '장통가'를 열고 10년을 운영하셨다. 그런데 일을 너무 많이 하셔서 큰 주걱으로 솥을 저어야 하는 음식을 하는데 무리가 왔다. 팔이 잘 돌아가지 않아 음식이 늦게 나갔다. 그러자 손님들이 한정식을 하시라고 권유

했다. 그런 이유로 할머니는 작은 아빠와 함께 공산성 앞에 한정식 '다래원'을 열게 된 것이다. 돈을 벌어서 가족들과 행복하게 사는 것이 인생의 주제라고 늘 말씀하시는 할머니는 손자 손녀를 만날 때와 가족들이 다 함께 모여 시간을 보낼 때 가장 행복하다고 하신다. 그리고 또! 가게에 손님이 바글바글할 때, 손님들이 음식을 맛있게 먹어 줄 때도 할머니의 행복한 순간들이다. (인원)

오랜 시간을 가게 일을 하셨는데 또 해보고 싶은 다른 것이 있으시냐고 여쭈었더니 두부 공장을 만들어서 두부도 만들고 아이들이 견학을 와서 두부 만들기 체험을 하도록 하고 싶다고 하셨다. 유치원 아이들과 학교 학생들이 체험 학습 와서 두부를 만들어보면 정말 재미있을 것 같다. 몸에 좋은 두부를 만들어본 추억 때문에 두부를 잘 먹게 될 것 같은 생각도 든다. 사장님께서 꼭 하셨으면 좋겠다고 말씀드렸다. (채은)

가게 1층은 '고마 두부마을', 2층은 '다래원'이라는 이름을 붙였는데 뜻을 여쭈어보니 가게가 있는 동네가 곰나루이고 가게 이름에 공주 지역의 의미가 들어가 있었으면 했다고 하셨다. 2층의 다래원은 손님이 많이 오는 곳이라는 의미도 담고 있고 사장님의 아드님 성함과도 비슷한 느낌을 가진 것이라고 한다. 고마 두부마을에서는 이름 그대로 두부 재료로 음식을 하고 대표 음식은 두부

돈가스, 가족들끼리 밥을 먹으러 오면 좋을 것 같았다. 다래원은 한정식을 먹는 곳인데 사장님의 추천 음식은 보리굴비였다. 다래원은 모임을 하면서 식사가 필요한 분들께서 오시는 것이 좋을 것 같다고 하셨다. 우리 같은 중학생들은 무엇을 먹으면 좋을까요? 사장님은 순두부찌개와 두부 돈가스를 추천하셨다. (채은)

고마 두부마을과 다래원이 공주에서 어떤 역할을 하는 것 같은지 또 어떠한 역할을 했으면 하는지 할머니께 여쭈어보았다. 할머니는 우리 식당이 전국에 있는 손님들이 다 오도록 하는 역할을 한다고 생각하셨다. 다래원이 공주를 널리 알리는 데 도움이 되었으면 좋겠다고 하셨다. 할머니가 생각하시는 공주는 '역사가 깃든 곳'이었다. 공주에는 전국적으로 유명한 유적, 유물들이 많고, 그만큼 많은 역사를 담고 있는 지역이라고. (인원)

그 많은 공주의 유적이나 유물 중 어느 곳을 제일 좋아하시는지 여쭈었는데 무령왕릉이 제일 좋다고 하셨다. 가게 앞에 무령왕릉이 있는데 창문으로 무령왕릉을 볼 때마다 참 멋있다는 생각을 많이 하신다고. 무엇보다도 노을이 질 때 무령왕릉을 보면 정말 아름답고 멋지다고 하셨다. 많은 사람이 공주에 놀러 와서 공주에 있는 멋지고 아름다운 유물과 유적들을 보았으면 좋겠다고 하셨다. (채은)

인터뷰를 마치고

나는 이 인터뷰를 하고 사장님께서 처음 가게를 차렸을 때에 관한 말씀이 가장 기억에 남았다. 나도 오랫동안 꿈꾸고 있는 것을 이룬다면 얼마나 행복할까, 생각해보는 시간이 되었다. 꿈을 이루고 또 다른 목표를 세워나가시는 모습을 보고 나는 그냥 꿈만 정하고 그 꿈을 이룬 뒤에 대해선 생각해 본 적이 없다는 걸 깨달았다. 꿈은 멈추는 것이 아니고 발전해나가는 것이란 것을 배웠다. 가게나 식당을 가면 무엇을 사거나 밥만 먹고 나오는 게 일반적인데 이렇게 사장님과 직접 이야기를 하면서 다양한 것을 알게 되는 특별한 경험을 했다. (채은)

할머니는 지금 다래원과 고마 두부마을을 지으면서 사기를 당했을 때 마음이 힘들었지만, 자식들을 먹여 살리고 행복한 삶을 꾸리고자 했던 꿈을 모두 이루었다고 하셨다. 유물 조사가 끝나는 대로 할머니의 두부 공장도 곧 세워질 것이다. 할머니의 삶은 고단했을지 몰라도 할머니의 얼굴을 들여다볼 때 팔자 주름은 유유하고 따뜻한 할머니의 마음을 표현한다고 생각한다. (인원)

공주제일교회

양서윤 3학년

제민1길 18(봉황동 10번지)에 있는 공주제일교회는 1903년, 의사이기도 했던 미국인 맥길 선교사가 이용주 전도사의 도움을 받아 세운 교회이다. 맥길 선교사는 남부면 하리동(현, 앵산공원 서쪽)에 초가 2동을 사서 예배를 드렸다. 그러나 1년 사이에 교인이 2백 명으로 늘어 초가 예배당이 비좁게 되자 넓고 안전한 새 예배당이 필요했는데 가난한 신도들이 대부분이라 새 예배당을 마련할 만한 재정 능력이 없었다. 당시 한국 선교를 관리하고 있던 미국감리교회 감독은 공주읍에 새 예배당이 필요하다는 편지를 받고 고민하고 있었는데 어느 비 오는 날, 한 낯선 신사가 감독을 찾아와 사정을 듣고는 상당한 액수의 선교 헌금을 내놓았다. 그는 끝내 이름을 밝히길 거부하고 돌아갔다. 감독은 결국 옆구리에 우산을 끼고 온 사람이 돈을 놓고 갔다는 것만 공주 예배당에 전할 수밖에 없었다. 1909년 봄, 교회는 3백 명을 수용할 수 있는 ㄱ자 벽돌 예배당을 지었고 사람들은 낌 '협' 자에 우산 '산' 자를 써서 협산자 예배당이라고 불렀다. 당시, 건축비는 1만 원 상당이었다.

공주제일교회는 3 · 1 만세 운동을 지원하였다. 공주에는 역사가 깃든 곳이 많지만, 공주제일교회가 우리나라 독립운동에 많은 기여를 하여 이곳을 알리고 싶었다. 1905년 맥길 선교사가 귀국한 뒤 샤프 선교사와 부인 사애리시가 감리교회 충청구역 책임자로 파송되어 왔다. 사애리시 부인은 명선여학당을 설립하였는데 충청도에서 최초로 개설한 여성교육기관이라고 한다. 샤프 선교

사는 논산 지역에 선교 활동을 다녀오는 길에 진눈깨비를 만났다. 그는 상여집에 들어가 잠시 진눈깨비를 피하다가 장티푸스균에 감염되어 34살의 나이로 세상을 떠났다. 사애리시 부인에게 얼마나 놀랍고 슬픈 일이었을까? 부인은 슬픔에 잠겨 미국으로 돌아갔지만, 결국 다시 돌아와 공주 지역의 여성 교육에 많은 공헌을 했다. 공주 사람들은 처음엔 서양 여성에게 딸 교육을 맡기는 것을 무척 꺼렸다고 한다. 사애리시 부인이 학용품은 물론 의식주까지 지원했지만, 미국 여자에게 자식을 맡기느니 차라리 자기 옆에서 굶는 게 낫다고 생각했다. 처음엔 잘해주다가 나중에 미국으로 데려갈 것이라고 의심도 했다. 그러나 사애리시 부인의 헌신과 사랑은 점점 사람들의 마음을 열고 여성 교육이라는 혁명적인 일을 공주 땅에서 이루어냈다. 사애리시 부인은 유관순과의 인연으로 유명한데 어린 유관순의 재능을 알아보고 영명학교와 이화학당에서 공부할 수 있도록 지원했다. 공주제일교회는 그렇게 공주 지역의 교육과 독립의 산실이었기 때문에 1941년에는 일본에 의해 폐쇄당하기도 했다.

공주제일교회는 청록파 시인 박목월 선생이 결혼식을 올린 곳으로도 유명하다. 1935년 어느 날, 박목월 시인은 기차 안에서 어떤 여성과 나란히 앉아 가게 되었다고 한다. 그분은 단아하고 아름다웠다고 하는데 다음 해에 박목월 시인이 맞선을 보러 나간 자리에 나온 여성은 바로 기차 안의 그분, 공주영명학교를 졸업한

독실한 기독교인 유익순이었다. 두 사람은 그런 인연으로 공주제일교회에서 결혼식을 올렸다. 이러한 이야기가 제일교회 안내판에 잘 소개되어있다.

공주제일교회는 한국전쟁 때 많이 파손되었는데 새로 짓지 않고 복원을 잘하여 건축의 초기 모습이 잘 남아 있고 화가 이남규 선생의 스테인드글라스 작품, 반지하의 개인 기도실 등이 가치가 있다고 인정받아 2011년에 등록문화재 472호로 지정되었다.

교회를 찾아갔을 때, 교회 본관에서 제일 교회 쪽으로 가는 다리에서 태극기와 꽃들이 손을 흔들고 나비가 길을 안내해 주었다. 그 길을 지나 공주제일교회의 건물을 처음 만났을 때 뭔가 혼이 깃들어있는 것 같은 느낌이 들었다. 그때의 고된 일들이 내 마음 한편에서 느껴져서일까? 교회의 벽에는 독립운동가들의 사진이 붙어있는데 그분들의 용기를 닮고 싶었다. 고문을 당하여 부어있는 얼굴이어도 아름답다고 느꼈다. 교회로 들어서자 뭔가 모를 묵직한 공기가 나를 차분하게 만들었다. 교회 입구 바로 옆의 벽과 예배당 중앙의 스테인드글라스는 무척 유명하다. 고 이남규 선생의 작품으로 원래 성당의 문화인데 처음으로 교회에 도입되었다고 한다. 내가 갔을 땐 스테인드글라스를 통해 들어오는 화려한 햇빛들이 마치 춤을 추는 것 같았다. 한편에는 피아노가 하나 있었는데 마치 어린아이가 칠 것 같은 아주 짧고 작은 피아노가 귀여웠다. 의자는 가지런히 정렬로 놓여 있어 뭔가 마음이 정리되는 느낌이었고 앞쪽엔 목사님이 서 있었을 것 같은 무대와 의자가 있었다. 이곳을 구경하고 떠날 때 내 마음속 깊숙이 감사함이 느껴졌고 나를 되돌아보았다. 왜냐하면, 부모님이 나와 오빠를 위해 희생하시는 것처럼 독립운동가들이 목숨을 기꺼이 바치시며 나라를 지키셨기 때문이다. 거기에 비해 작은 일도 두려워 피하기만 하는 내가 부끄러워졌다. 나도 용기 내어 맞서 싸우려고 노력할 것이다.

공주제일교회 최초예배당(사애리시와 유관순). 사진 1학년 임정연

황새 PICK! 힐링 공주 황새바위

이가빈 3학년

바위 위로 늘어진 소나무에 황새가 많이 살았다고 해서 '황새바위'라는 이름이 붙은 언덕. 일설어떤 하나의 주장이나 학설에는, 죄인들이 항쇄죄인에게 씌우는 형틀를 차고 바위 앞에 끌려가 처형된 곳이라 하여 '항쇄바위'로도 불렸다는 이곳, 공주시 왕릉로 118(금성동)에 있는 황새바위를 아시나요? 황새바위는 조선 시대 천주교인들이 충청도 감영에 체포되어 처형된 유적지입니다. 천주교 박해 때마다 각처에서 체포된 천주교인들은 감옥에 수감되었다가 문초와 형벌을 받았습니다. 그중에서 끝까지 천주 신앙을 버리지 않은 천주교인들이 이곳에서 처형되었는데, 그 순교지가 바로 황새바위입니다. 치명 일기1866년 천주교인 박해로 목숨을 잃은 순교자들의 명단과 그 약전을 수록한 책에 기록된 순교자만 164명이라고 합니다.

1980년에 이곳 황새바위를 순교지이자 성지로 조성하는 사업

을 했습니다. 천주 교단에서 황새바위 땅을 사고, 2016년 순교자 337명의 이름을 새긴 무덤 경당과 순교탑을 세웠습니다. 충청감영은 보수적인 국가권력을 대행하는 기구였고 서구 세력에 대한 방어지휘부의 역할을 했던 반면, 그에 대항하는 세력의 공격목표가 되기도 했답니다. 황새바위에서 천주교 신자들이 처형된 것도 감영이 이곳에 있어서였고 동학농민군이 우금티를 넘어 감영을 공격목표로 정했던 것도 바로 이러한 이유 때문이라고 합니다.

이제 황새바위 언덕에 올라가 볼까요? 황새바위에 도착하면 바로 보이는 큰 바위! 황. 새. 바. 위. 라고 크게 적혀있습니다. 저는 아주 커다란 이 바위가 당시 사람들의 소망과 희망을 무겁게 품어 안은 것처럼 느껴집니다. 바위에서 몇 발자국만 가면 예수성심상

이 두 팔 벌려 반갑게 맞아 주십니다. 예수성심상 오른쪽에 있는 대성당 성체조배실에서는 미사를 볼 수 있습니다.

눈의 피로를 덜어주는 초록색 나무와 풀로 어우러진 길을 걷다 보면 상쾌하고 맑은 공기와 선선한 바람을 느낄 수 있습니다. 황새바위는 다른 산에 비해 경사가 높거나 힘든 길이 아니라서 간단하게 운동하기도 좋습니다. 이런 곳에서 걷다 보면 필요 없는 생각들이 날아갈 것 같지 않나요?

황새바위 안에 'MONMARTRE' 란 야외 카페도 있습니다. 소나무 아래서 마을을 내려다보며 차를 마실 수 있습니다. 카페 뒤편에는 중동성당, 공주에서 순교하신 분들, 한국 천주교 회사의 연표 등이 전시되어 있어서 천주교 역사를 이해하는 데 도움이 됩니다. 또, 천주교인들이 기증하신 십자가와 여러 개의 천주교 교리 해설서와 성경을 보실 수 있습니다. 저도 이곳에서 제가 몰랐던 정보들을 많이 알게 되었습니다.

황새바위 성지로 들어가는 아치형의 돌문은 학생들이 지나가기에도 낮고 좁아서 자연스레 몸과 어깨를 움츠리게 됩니다. 자신을 낮추고 겸손한 그리스도인이 되었으면, 하는 바람이 담겨있습니다. 저는 이 돌문을 지날 때마다 왜 이렇게 좁게 만들어놨는지 불만이었는데, 그 사실을 알고 난 뒤부터는 불평하지 않게 되었고 '겸손'이란 말을 떠올리곤 합니다. 돌문을 지나면 오른쪽에 아주 높은 순교탑이 있고 왼쪽에는 열두 개의 빛돌이 있습니다. 순교탑은 순교 선열들이 하늘나라를 얻기 위하여 갖은 고난을 겪으면서 오로지 주님의 십자가 진리만을 따르신 높은 뜻을 기리고 이를 본받기 위해 지어졌습니다. 순교탑 내부에는 기도 할 수 있는 공간도 마련되어있습니다. '열두 개의 빛돌'은 열두 사도 제자를 상징하기도 하지만, 무명 순교자들을 기억하기 위한 비석입니다. 저는 이곳에서 이름 없는 순교자들을 기억하려는 사람들의 마음을 느낄 수 있었습니다.

돌문 뒤편에는 황새바위 무덤 경당이 있는데, 내부에는 많은 순교자의 성함이 새겨 있습니다. 저는 이곳에서 이름이 OO의 처남, OO의 사촌으로 적혀져 있는 걸 보고 가족, 친척의 순교에 충격을 받았습니다. 한 명이 목숨을 잃어도 비통할 텐데 처남, 사촌까지 죽게 된다면 얼마나 슬프고 무서울까요?

슬픈 역사는 지나갔고 이제 우리는 기분 전환이 필요하거나 맑은 공기를 마시면서 공주 시내를 한눈에 보고 싶을 때 황새바위에 옵니다. 황새바위에서 내려다보는 공주시의 풍경과 나무 사이로 보이는 무령왕릉까지 이렇게 좋은 장소는 흔치 않을 것 같습니다. 바람을 맞으면서 걷다보니 차분해지고 복잡한 생각들이 없어지면서 상쾌했습니다. 우리 학교의 뒷동산이라 할 만큼 가까이 있는 황새바위를 한 번 걸어보시길 바랍니다.

산책반 활동에서 만난 황새바위

김태연 3학년

황새바위는 흔히 '황새바위성지'라고 불린다. 우리나라의 천주교는 17세기 무렵 청나라를 통해서 종교보다는 서학, 즉 서양 학문으로 소개되었다. 스스로 세례를 받고 외국인 신부를 국내로 데려오며 서학을 적극적으로 신앙으로 받아들인 사람들은 주로 정권에서 밀려난 남인들이었다. 제사를 금지하고, 인간이 평등하다고 생각하며 신분 질서를 정면으로 부정하는 천주교의 교리와 조선에 깊이 뿌리 내린 유교 사상은 정면으로 부딪쳤고 천주교의 신자들이 많아지면서 조선 정부는 천주교를 박해하기 시작했다. 재판하고 처형해야 할 교인의 수가 많아졌기 때문에 정부는 그들을 공주의 충청감영으로 이송하기 시작했다. 이송된 교인들은 재판을 받고 황새바위와 공주감옥에서 처형됐다. 공주는 그렇게 박해의 땅이 되었다. 신유박해1801년에 16명이 처형되고, 병인박해1866년 때는 약천여 명의 순교자들이 순교한 것으로 추정된다. 지금까지 발굴된 순교자는 337명이지만, 더 많은 순교자가 있을 것으로 생각된다.

학생들 대부분은 황새바위가 어떤 곳인지 모르거나, 그냥 동네 언덕 정도로 알고 있다. 나도 중학교 1학년 때 동아리 '산책반'에 들어간 뒤에야 황새바위가 어떤 곳인지 알게 되었다. 처음에는 그냥 뒷동산인 줄만 알았던 황새바위가 이렇게 아픈 과거를 가지고 있는 곳이란 걸 알게 되니 굉장히 새롭게 느껴졌다. 동아리 시간에 황새바위를 올라가서 친구들과 그곳에 앉아있으면 놀러 온 것만 같이 재미있었다. 봄이 되면 벚꽃이 피는 아름다운 곳에서 사람들이 죽어 나갔다는 생각을 하니 왠지 모르게 이 장소가 잔인하게 아름다운 곳이라는 생각이 들기도 했다. 가끔 봄 동산에 꽃놀이하러 가던 예쁜 동산이었는데…. 그래서 황새바위에서 시끄럽게 떠들지 말라고 하는 건가 싶기도 했다.

한국사 시간에 배운 병인박해와도 관련이 있어서 놀라웠다. 황새바위에서 순교한 순교자들을 잊지 말아야겠다는 생각이 들었다. 순교한 사람 중에 우리 조상이 있을 수도 있고, 어떻게 보면 우리 할아버지의 할아버지의 할아버지일 수도 있으니까. 사실 이해가 잘 안 가기도 한다. 종교가 뭐라고 목숨까지 잃어가면서 지키고 섬기려고 했을까? 천주교를 믿지 않았으면 오래 살았을 수도 있고, 천주교를 안 믿는 척을 해도 됐을 텐데 굳이 정면돌파를 선택한 게 의리 있는 건지 미련한 건지 잘 모르겠다. 하지만 그때의 상황이나 신념이 다를 수도 있으니까. 아니면 내가 아직 미성숙한 걸지도 잘 모르겠다. 고등학교를 공주로 진학하고, 계속 공주에 살면서 황새바위를 지켜보며 내가 그때 이런 과제를 하며 이런 생각을 했었지, 하는 생각도 하며 좀 더 성장했을 때 다시 황새바위를 보면 어떤 느낌이 들까? 나중에 이런 과제가 있으면 더 열심히 재미있게 하고 싶다.

메타세쿼이아 길

민수아 3학년

6학년 때 공주로 이사 온 나에게 힘이 되고 힐링이 되는 장소가 있다. 그중에서 마음 따뜻한 길을 소개하려 한다. 유명한 담양의 길게 늘어선 메타세쿼이아 길을 좋아하는 나는 공주에도 메타세쿼이아 길이 있다는 것을 알고 사실 큰 기대는 하지 않았다. 그런데 소박하지만 아담한 이 길이 첫눈에 마음에 들었다. 이 메타세쿼이아 길은 신관동에서 의당 가는 방향으로 왕복 이차로 길옆에 있다. 주위를 잘 살피지 않으면 처음 가는 사람은 잘 찾을 수 없는, 숨바꼭질하듯 찾아야 하는 길이다.

500m 정도의 짧은 이 가로수 길을 걷다 보면 지친 마음이 차분해지며 위로가 된다. 친구들과의 고민 또는 가족과의 갈등 또 가끔은 나만의 심란한 마음도 어느새 차분해짐을 느낀다. 그리고 가끔 나처럼 마음 심란해 보이는 고양이도 만날 수 있다. 사람을

발견하면 자신의 이야기를 들어보란 듯 야옹거리며 쫓아오기도 하고 가만 앉아 기다리면 어느새 발에 기대어 애교를 부리니, 나뭇가지를 주워 함께 놀아준다. 그렇게 고양이와 시간을 보내며 마음의 안정을 찾기도 한다. 늘 마음이 통하는 것은 사람과 사람의 일만은 아닌 것 같다.

메타세쿼이아 나무 아래 간간이 벤치가 있다. 벤치에 앉으면 보이는 넓은 초록빛은 모두 연꽃잎인데 그곳이 바로 정안천 생태공원이다. 여유 있게 생태공원까지 산책하면 더욱더 한가로운 힐링 길이 된다. 잠시 걷는 것도 싫은 날엔 정자나 벤치에 앉아 책 한

권 읽는 여유를 가지는 것도 좋다. 산들바람이 부는 나무 그늘 아래서 꼭 읽어야 하는 책이 아닌, 내가 읽고 싶은 책을 읽으면 집중도 잘 되고 시간 가는 줄도 모른다. 가끔 이곳에 앉아서 보는 노을은 마음을 편안히 해준다. 그 시간이 포토타임이기도 하다.

나만 알고픈 공주의 예쁜 길

박은지 3학년

아무도 몰랐으면 싶은 공주의 예쁜 길을 소개합니다. 저는 평소에 가보지 않았던 길을 걸어가는 것을 좋아하는데요 큰길 옆 가보지 않았던 작은 샛길을 발견하면 저도 모르게 발길이 향하곤 합니다. 그러다 보니 큰 건물들이 들어서면서 가려진 작은 마을을 발견하기도 하고 미처 몰랐던 아름다운 장소와 마주치기도 해요. 제가 소개할 곳은 바로 메타세쿼이아 길입니다. 의당면 청룡리에 있는 소나무 길인데요, 소나무의 품종이 '메타세쿼이아'라고 해서 그 이름이 붙여졌어요. 근처에 어머니 직장이 있어서 자주 걸어 다니던 길인데 소나무뿐만 아니라 연못을 가득 채운 연꽃도 정말 아름답습니다. 좀 뜬금없지만, 연못에는 오리가 정말 많아요. 가끔은 정말 보지도 못했던 신기한 새가 앉아있기도 하고요. 원래는 사람들이 뜸했는데 조금씩 찾는 사람이 많아지고 유명세를 타다 보니 이제는 너무 많아서 아쉬울 정도랍니다.

저는 초등학교 때 전학 오면서 이곳에 처음 왔었는데 그땐 나무들이 작았어요. 한참 만에 가본 메타세쿼이아 길의 나무들이 저렇게 굵어지고 가로수길을 이룰 만큼 무성해진 것을 보고 깜짝 놀랐어요. 뭐랄까, 누가 보거나 보지 않거나 성실하게 자기 생을 살아가는 사람을 보는 느낌이랄까요? 나무가 자라서 길을 이루니까 이곳에서 복지관 어르신들의 그림이 전시되기도 해요. 나무가 참 아름다운, 어른스러운 존재라는 생각을 처음 했어요.

저는 이 길 아래 정안천 공원에 피는 백련이 참 좋습니다. 꽃도 예쁘지만, 연꽃의 향기는 한 차원 높은 것이라는데 내년엔 꼭 연꽃 향기를 맡아보려고 합니다. 연밥도 한번 따보고 싶어요. 무엇보다도 해가 질 때 메타세쿼이아 길에서 보는 노을은 저의 재산 중의 하나입니다.

대안 카페 '잇다'

오래은 3학년

공주시 성당동쪽길 6-12에 카페 '잇다'가 있어요. 공주성당 쪽으로 올라가면 나오는 곳인데요, 카페 가기 전에 성당을 둘러보면서 가는 것도 좋을 것 같아요. 건너편에는 역사박물관이 있어요. 봄이 오면 오래된 나무에 벚꽃이 활짝 피어나니까 그곳에 들러 카페 가는 것도 추천해드려요. '잇다'는 주택을 개조하여 만든 카페인데 외부도 독특하고 내부는 미로찾기 비슷한 느낌이에요. 저는 두 번을 갔어요. 친구들과 얘기하러 오는 것도 좋고, 공부하러 오기에도 좋은 곳입니다. 음료는 다른 카페와 비슷하지만, 와플은 달라요. 겉은 바삭하고 속은 촉촉하고 먹기 좋은 사이즈, 그냥 한마디로 완벽. 종류도 다양해요.

그리고 여기는 다른 카페들과 달리 하나의 건물이 4개의 방으로 나뉘어있는데 첫 번째와 네 번째 방은 회의실이나 공부하는 곳

생생문화재
대한민국
근대체험
2020.06.24
~10.28
문화로
파장을
일으키다
2020.06.~2021.03.
국고개
문화예술거리
사회문화예술연구소 오늘
주식회사 포스타인
지역문화연대 잇다
Alternative cafe

으로 쓰이고 두 번째 방과 세 번째 방은 담소하는 방입니다. 방마다 테마가 달라서 구경하는 재미가 있어요. 가장 마음에 드는 공간은 첫 번째 방이에요. 시험 기간 때 공부하러 갔는데, 원래 카페들은 시끄러워서 공부에 방해가 되지만, 여기 카페는 조용하고 스피커로 노래도 틀어놓으니 공부가 재밌어지는 느낌이 들더라고요. 날씨 좋을 때 옥상으로 올라가면 완전 햇살 맛집! 공주 시내의 풍경들을 한눈에 볼 수 있습니다. 행복해져요. 행복은 멀리 있지 않습니다.

이름이 '대안 카페, 잇다'라고 해서 뜻이 궁금해서 찾아보니,

"대안공간: 미술관 · 화랑의 권위주의와 상업주의에서 벗어나 미술가의 제작 활동과 유기적으로 결부된 비영리적인 전시공간을 이르는 말"

이렇게 되어 있었어요. 그래서 그런지 화장실 가는 쪽 벽면에는 미술 작품들이 걸려 있었던 것 같아요.

여기부터는 사장님과 인터뷰.

➲ 사장님의 인생의 주제가 무엇인가요?

공존입니다. 세상에는 다양한 사람들이 많이 있고 그 다양한 사람들이 저에게 주는. 제가 생각지도 못한 상황들이 저를 더 성숙해지도록 만들어 준다고 생각해요. 타인이 없다면 저도 카페도

옥상의 래은이

이만큼 성숙해지지 못했을 거예요.

이 카페가 공주에 어떤 역할을 하면 좋겠나요?

사람들이 느끼는 공주의 장점 중 하나가 되었으면 좋겠어요. 공주가 조용해서 좋다, 아늑해서 좋다, 할 때, 와플이 맛있고 분위기 좋은 카페도 "있다." 하는 역할을 했으면 좋겠어요.

카페를 왜 열게 되었나요?

저도 부모님의 고향도 공주입니다. 부모님의 추억이 담긴 공주에 올 때마다 공주의 분위기가 좋았어요. 제가 느낀 그 기분을 표현하는 카페를 만들고자 했고, 같이 쉬는 공간을 만들고 싶었어요. 저도 손님들도 꼭 대화가 오고 가거나 서로 존재를 인식하지 않더라도 같은 건물, 공간에서 같은 분위기를 느끼며 시간을 보내는 곳을 만들고 싶었어요.

➡ 카페에서 일하실 때 언제 행복하신가요?

저희 카페에서 와플을 팔고 있습니다. 그 와플 접시가 빈 접시로 돌아왔을 때 기분이 좋더라구요. 음료보다 와플이 맛있다는 소문이 자자해요. 음료 부분은 더욱 노력하겠습니다. 그리고 저희 카페는 제한 시간이 있지만, 개인적으로는 오래 머무는 손님이 계시면 뿌듯합니다. 그만큼 머물고 싶은 공간을 만들었다는 기쁨이 있거든요. 다음 손님과 요즘 코로나 시기 때문에 제한 시간을 알려드려야 한다는 것이 마음이 아파요

➡ 중학생들이 와도 좋은가요?

언제, 어느 분이든 항상 감사히 기다리고 있습니다.

인터뷰를 하고 나서

코로나 문제도 있고 선생님이 내일까지 완성해오라고 하셔서 직접 인터뷰를 못 하고 인스타 메시지로 갑작스럽게 여쭤봤지만,

까페 옥상에서 바라본 공주

친절하게 대답해주셔서 더 기분이 좋았다. 사장님이랑 직접 대화를 나누지는 못했는데 글에서 진심과 정성이 나타나는 것 같았다. 조용하고, 아늑하고 딱 공주를 잘 표현한 카페라고 생각한다. 이 인터뷰 덕분에 기분이 좋은 하루였다.

공주, 사진 찍기 좋은 곳

임나영 3학년

안녕하세요? 오늘은 공주의 사진 찍기 좋은 곳을 소개해드리려 해요. 준비물은 여러분이 평소에 목숨처럼 아끼는 휴대폰 하나! 휴대폰 사진 기능이 워낙 좋아져서 충분히 좋은 사진을 찍을 수 있어요. 특히 평소에 자주 봐서 그 아름다움을 잊어버린 장소 위주로 소개를 하려고 합니다.

금강 top 5

금강은 평소 자주 볼 수 있는 장소인데요, 학교 오가는 길에 늘 건너다니는 강이죠. 밤에는 너무 어둑해져서 사진을 찍기에는 애매하다고 할 수도 있죠. 하지만 아무렇게나 찍어도 웬만하면 예쁘게 나옵니다. 버스에서 차창으로 사진을 찍어봤는데 얼룩이 좀

금강교에서 바라보는 금강. 사진 김영희 선생님

생깁니다. 버스 유리창을 열고 찍으면 훨씬 예쁜 사진이 나온다는 사실! 다리 위에서 직접 찍어도 예쁘고, 사진 모델 하는 것을 좋아하는 친구 있으면 저기에 세워놓고 찍어보세요. 찍을 때 좀 창피해도 결과물은 아주 예쁘답니다.(시간대는 주로 낮이나 저녁때를 추천해요.)

한옥마을 top 4

여긴 뭐 안 예쁘면 범죄죠. 하지만 추천하는 저만의 스폿이 따로 있기에 목록에 넣었어요. 한옥마을 안쪽으로 들어가면 무려 족

한옥 마을에서, 동생을 모델로 앉히고

욕할 수 있는 곳이 나와요.(여기서 잠깐, 코로나 사태로 문을 안 열 수도 있어요. 만약 열려있다면 사회적 거리 유지하기. 마스크 꼭 쓰기!) 족욕 하는 곳은 한옥마을이다 보니 건물이 한옥으로 지어져 있어 건물 자체가 워낙 예쁘고, 주변 경관이 잘 꾸며져 사진 찍기에는 딱 좋아요. 다만 예쁘게 찍으려면 본인이 조금 많이 움직여야 해서 4위가 되었습니다. 모델은 여동생이 해줬습니다. 사실 사진 모델 하는 것을 좋아하는 애라 찍는 데 어려움은 없었어요. 사진 뒤쪽에 보이는 정자에서 찍어도 예쁘게 나와요. 여름이나 가을에 오시는 것을 추천해요.

학교 오르는 이팝나무길

공주여자중학교 통학로 top 3

공주여자중학교는 교내도 예쁘지만, 외부인은 함부로 들어올 수가 없어요. 이것 참, 이번에 새로 개장한 도서관을 소개해 드리고 싶지만, 도서관이 아무리 예뻐도 여기서 사진을 찍을 수는 없으니까요! 가볍게 통학로를 산책해 보는 것으로 할까요? 사실 사계절 단위로 통학로의 모습이 바뀌고 장단점이 갈려요. 저는 봄과 겨울에 오는 것을 권하고 싶어요. 3년이라는 시간 동안 이 학교에 다닌 저도 봄만 되면 휴대폰을 들고 여기저기 돌아다닐 정도로 예뻐요. 그 겨울에는 모든 잎이 다 떨어지고 가지만 남는데요, 저녁노을이 비치는 마른 나뭇가지를 보면 감성이 충만해지죠. 오후엔

둔치공원. 사진 김영희 선생님

마을 어르신들께서 와서 운동장을 돌며 산책하셔요. 위생과 안전 문제 때문에 반려견은 들어올 수 없지만, 어르신들께서는 운동 많이 하고 건강하셨으면 좋겠습니다.

둔치 공원 top 2

금강의 바로 옆! 둔치공원이라 불리는 공원이 있는데요, 정확한 이름은 금강신관공원이에요. 가볍게 산책하기에도 좋고 자전거를 무료로 대여해 운동하기 좋은 곳이에요. 이곳은 여름에는 해가 너무 뜨거우니 가을에 오세요. 이곳의 사진 스폿은 너무나도 다양해서 마치 A4 용지 같은 곳이죠. 사랑하는 사람들과 와서 서로 찍어주기 좋은 곳입니다. 서로 자전거 타는 모습을 찍어주거나 나무 아래에 돗자리를 펴고 쉬는 모습을 마치 영화 포스터처럼 찍어줄 수 있는 곳이죠. 몸도 건강해지고 사진도 잘 찍히는 일거양득의 장소입니다. 말이 필요 없어요.

산성시장 '휴그린' 작은 식물원

사실 공주시 내에서는 안 예쁜 곳을 찾는 것이 빠를 정도로 예쁜 곳이 많아 순위를 정하기 힘들었어요. 마지막 대망의 1위는 저희 외할머니께서 제가 초등학생일 때 알려주신 작은 식물원인데요, 사람들이 잘 알지 못하는 약간 외진 곳에 있거든요. 그래서 이번에 소개하고자 합니다. 원래는 그냥 작은 식물원이라고 불리는데 이번에 '휴그린'이라는 간판이 붙어서 더 찾기 쉬워졌어요. 2층엔 작은 북 카페도 있는데 거기 있던 앵무새와 다람쥐를 구경하느라 시간 가는 줄도 몰랐죠. 시장 입구에 있어 찾기 쉽고 워낙 자연광이 잘 들어서 따로 조명이 필요 없거든요. 식물들 덕분에 예쁜 배경은 덤! 인공연못엔 귀여운 색종이 인어들과 물레바퀴. 전체적으로 조그마해서 가볍게 둘러보기 좋아요. 공주에서 예쁜 사진 많이 찍어가세요!

엄마아빠의 나 때는

우리 고모 이명심의 학창시절

이서윤 3학년

저의 둘째 고모 이명심 씨를 인터뷰했습니다. 고모는 66년생이고 지금 국민연금공단에서 일하고 계십니다. 고모를 인터뷰하기로 한 것은 고모가 공주에서 태어났고 공주에서 쭉 사셨기 때문에 공주의 옛 모습을 많이 기억할 수 있을 것 같아서입니다. 고모께 어느 초등학교를 나왔냐고 여쭈어보니까 '신관국민학교'라고 대답하셨습니다. 한 반에 40명 정도 아이들이 있었습니다. 고모는 당시의 사진들을 모아둔 앨범을 간직하고 있었습니다. 다음은 고모와 저의 대화입니다. ^^

초등시절, 아니 국민학교 시절

고모, 이건 몇 살 때였어요?

음… 초등학생였네 ㅎㅎ 이게 선생님 오토바이였을 거야. 친구들하고 같이 타고 사진 찍었지.

왜 오토바이 타신 거예요?

그때 그냥 멋있어 보이려고 한 것 같아. 그 당시에 오토바이가 흔한 게 아니어서 신기하기도 했던 것 같구.

같이 탔던 친구들 기억해요?

앞에 친구가 김욱영, 뒤에 친구가 조재순이었어.

근데, 옛날엔 친구들을 만나면 뭐 하고 놀았어요?

구슬치기도 하구, 고무줄놀이도 하구, 공기놀이도 하구. 아! '많이 공기' 알아? 그거 많이 했었는데, 돌멩이 작은 것들 모아서 누가 많이 따먹나 하는 거였어. 그러다가 그만할 때면 땅을 파서 돌을 숨겨 놓고, 다시 할 때면 파내서 놀았지.

➲ 엥? 목에 뭐 한 거예요?

이날이 초등학교 졸업식이었어. 졸업할 때 이렇게 꽃목걸이 걸어줬어. 지금으로 치면 꽃다발 같은 거였는데 부모님이 학교 앞 가게에서 사 오셨지. 옆에 있는 친구는 오토바이 타고 같이 사진 찍은 김옥영이야. 가장 친한 친구였지.

➲ 오, 이런 것도 했었구나! 신기해요. 우리는 졸업할 때 꽃다발 주잖아요. 다르니까 새롭다. ㅋㅋ 근데 고모는 사진이 많이 남아 있네요. 이런 사진은 누가 찍어주신 거예요?

할아버지고모의 아빠가 캐논 카메라를 가지고 계셔서 그걸로 찍었지. 아! 그리고 이때 급식빵이라는 게 있었거든? 돈을 내고 신청하면 먹을 수 있었는데 지금처럼 달거나 엄청 맛있거나 그러진 않았어. 그냥 담백했어. 옥수수 밀가루로 만든 건데 그 시절엔 먹을 것이 그리 많지 않아서 그 당시 급식빵은 든든한 간식이었지. 매번 먹었는지는 기억이 나지 않지만 급식빵을 받아서 먹고 싶은 걸 참고, 집에 가서 동생우리 아빠 준 기억이 난다.

➲ 화장실은 어땠어요?

건물 밖에 있었고 '변소'라고, 푸세식이었어.

북중학교 시절

➲ 이건 언제 찍은 거예요?

중학교 첫 하복 입고. 지금 일방통행하는 다리 있지? 그 앞에 있는 곰탑웅진탑에서 찍은 거야. 그 당시에 버스도 많지 않아서 걸어 다녔는데 그때 가면서 언니큰고모가 찍어줬어.

➲ 곰탑 그거 지금도 있는데? 와…. 옛날에도 있었구나. 이것도 할아버지 카메라로 찍은 건가?

중학교 때부터는 작은 카메라 빌려서 찍었어. '올림푸스'라는 카메라가 유행이었지.

➲그럼, 필름 카메라로?

그치.

앞치마도 입고, 수돗가에서 뭐 하는 거예요?

주번이었어. 주번 제도라는 게 있었는데 일주일 간격으로 돌아가면서 반을 위해 봉사하는 거야. 칠판도 지우고 아침마다 주번이 친구들 물컵을 닦았어. ㅎㅎ 급식 빵도 나르고, 겨울엔 난로 땔감도 나르고 주번은 바빴어.

고모, 이 사진은 뭐 먹으려고 하는 거예요? 친구 거 뺏어 먹는 거?

짝 사과 먹으려고 하는 거 같다. ㅋㅋ 얘도 욱영이야. 중학교 때까지 친했어.

너무 귀여워요. 영화 속 한 장면 같은데? 한 반에 학생이 몇 명 정도 있었어요?

각 반에 학생이 70명 정도 있었어.

그렇게 많이? 와…. 지금과 다른 점이 뭐가 있었을까요?

학교에 빵, 우유, 음료수, 볼펜, 노트같이 꼭 필요한 물건들만 파는 매점이 있어서 쉬는 시간마다 매점 가서 빵 사 먹었던 추억이 있지. 아! 그리고 학교 끝나고는 바나나 빵집이라는 곳이 있었는데 거기 가고, 중동 분식 가고.

금성여고 시절

이건 금성여고 춘추복. 이때 교복이 자주색이었어. 언니큰고모가 할아버지고모 아빠 카메라로 찍어줬지.

➡ 왤케 단정해 ㅋㅋ 너무 귀여워 >3<

ㅋㅋ갑자기 한복?!

고등학교 졸업할 때 각자 한복 가져와서 입었어.

➡ 와우, 완전 형형색색 ㅋ 이런 건 처음 봐요.

옆에 있는 친구들은 맨 왼쪽이 임형순, 두 번째가 김명순, 맨 오른쪽이 이경희였던 것 같아.

➲ 이 호피 무늬? 옷이, 교련 그거랑 관련 있는 옷이에요?

교련복 입고 ~

응, 이게 교련복이야. 일주일에 한 번 교련 시간이 있었는데, 이때 우리 학교가 지어진 지 얼마 안 됐어. 내가 3회 입학생이었거든. 그래서 교련 시간에 학교 가꾼다고 운동장에서 풀 뽑았어.

금강 철교가 지금은 일방통행이고, 버스 같은 큰 차는 다니지 못하지만, 그 당시에는 버스도 다녔고, 심지어 양방통행이었어. 흑백 사진은 초등학교 1학년 때 박종진 담임선생님과 공산성 쌍수정 앞에서 찍은 거야. 넓은 광장이 있었는데 발굴로 사라졌어.

초등학교 1학년 박종진 담임선생님과 ~ -쌍수정 앞에서-

에필로그

고모의 학창 시절을 처음 알게 되었다. 인터뷰하고 학창 시절 사진도 보면서 '고모도 나처럼 소녀 시절이 있었구나'하고 새삼 다시 느꼈다. 그동안 고모께 이런 질문을 해볼 생각을 하지 못했는데 특별한 시간이었다. 귀여운 시절의 고모를 보게 되어서 정말 좋았다.

아빠의 어린 시절을 만났습니다

남궁예 1학년

우리 아빠의 고향은 공주시 무릉동 217번지입니다. 주변에 석장리 박물관과 박동진 판소리 전수관이 있습니다. 아빠가 어린 시절에 유행한 옷은 어떤 스타일인지 어디에서 주로 옷을 사 입으셨는지, 밥상 위에 어떤 반찬이 주로 올라왔는지, 무엇을 하며 놀았는지, 여쭈어보았습니다. 지금은 우리 아빠지만, 아빠도 어린 시절이 있었을 테니까요.

아빠, 옷은 어디서 사셨어요?

옷은 부모님이 사주시는 것이고 아이들이 옷을 직접 사는 일은 아마 없었을 거다. 그리고 남자 동생은 형의 옷을 물려 입는 것이고 여자 동생은 언니의 옷을 물려 입는 게 당연했다. 하지만 아빠는 6남매 중 막내라 나이 차이가 많이 나서 오히려 헌 옷보다

새 옷을 입을 수 있었다. 국민학교 1, 2학년 때는 고무신을 신었는데 왕자표 고무신이었다. 어찌나 튼튼하고 질긴 지 새 고무신이 신고 싶어 고무신을 땅바닥에 비비는 데도 절대 안 찢어졌다. 그때는 교복 자율화가 되어서 교복은 입지 않았다.

그때는 무슨 반찬을 주로 먹었나요?

시골에서는 다른 특별한 반찬이 없기 때문에 김장을 많이 해서 일 년 내내 김장김치를 먹었단다. 김치찌개에 싼 돼지비계를 많이 넣고 멀겋게 끓여서 온 가족이 다 같이 먹었다. 반찬은 텃밭에서 키운 채소로 만들어 먹었다. 밥을 먹을 때 남자들이 먼저 먹고 남자들이 다 먹으면 여자들이 먹었다. 남녀 차별이 심했다고 할 수 있지. 학교에 급식 제도가 없던 때라서 집에서 도시락을 싸 갔는데 밥은 잡곡밥이었고, 계란후라이, 멸치볶음, 김치를 싸갔다.

텔레비전은 있었나요?

동네에 TV랑, 전화가 하나만 있었다. 온 동네 사람들이 모여서 TV를 보고 전화 있는 집에 가서 전화했다. 우리 동네 사람들이 자주 접한 방송은 새벽에 마을 회관 스피커를 통해서 알람처럼 퍼져나가는 '새마을 운동 노래'랑 이장님의 말씀 정도였다.

"새벽종이 울렸네, 새 아침이 밝았네. 너도나도 일어나 새마을을 가꾸세. 살기 좋은 내 마을 우리 힘으로 만드세."

새마을 노래는 그런 가사였다.

➲ 학교 갈 때는 무엇을 타고 가셨어요?

금벽초등학교를 다닐 때는 4km쯤 걸어 다녔고, 봉황중학교와 공주고등학교 때는 자전거를 타고 다녔다. 학교까지는 10km 정도 되었다. 한참 걸어 나와야 겨우 탈 수 있었다. 공주 금강교가 있어 버스가 왕복했는데 자전거를 타는 사람들은 버스 때문에 좁아서 타기 힘들고 위험했다.

➲ 옛날엔 어렸을 때 부모님 일을 많이 도와드렸다면서요?

아빠는 6살 때부터 부모님 농사를 도와드렸다. 매일 아침, 점

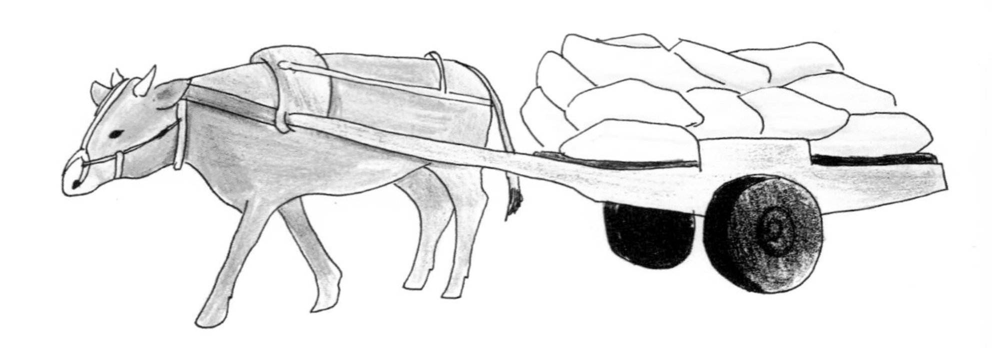

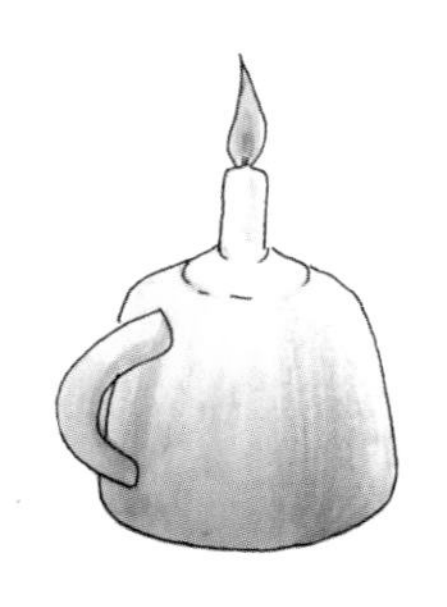

심, 저녁 쇠죽(소죽)을 쑤었는데 중학생 때도 학교가 끝나면 소가 먹을 풀, 그때는 그것을 '꼴'이라고 했단다. 꼴을 베어오기도 하고 소를 몰고 나가서 풀을 뜯게 하고 데리고 돌아오기도 했다. 집집마다 개를 키웠는데 개들은 마루 밑에서 살았다. 지금처럼 방안에서 키우는 애완견은 없었지. 키우던 개를 보신탕으로 먹기도 했다. 먹을 게 없던 시절에 개는 중요한 영양보충식이었다. 일하다 힘들면 밭에서 누워서 잤고, 소달구지로 배추나 볏단 같은 것을 옮겼다(같은 시기 대전에 살던 엄마는 소달구지를 체험학습에서 처음 봤다고 한다). 세 발 오토바이에 짐을 싣고 다녔고, 마차에 실어 운반했다. 70년대 시골에는 전기가 안 들어와 호롱불로 등잔을 켜고 살았다.

아빠 어릴 때는 무엇을 하고 놀았나요?

놀이는 정말 다양했다. 봄, 가을, 겨울철에는 자치기, 구슬치기, 사방치기, 딱지치기, 말뚝 박기를 했다. 여자애들이 공기놀이, 고무줄놀이하는 것을 방해하는 것도 재미있었다. 늦가을에는 메뚜기를 잡아 구워 먹었다. 여름철에는 냇가나 강가에 가서 수영을 했고, 참외, 수박, 오이 서리도둑질를 했다. 겨울철에는 개구리를 잡아먹거나 눈 위에서 비료 포대를 타고눈썰매, 썰매 타기, 밥서리, 닭서리를 했다. 농구, 축구, 야구 등의 공만 하나 있으면 하루 종일 놀 수 있었다.

학교에서 체벌을 했다는데 사실인가요?

숙제 안 하고, 지각하고, 떠들었을 때, 손톱이 길 때, 청소 안 했을 때, 싸웠을 때 등 많이 맞았다. 손바닥도 맞고 엉덩이도 맞고.

마을 모습은 어땠나요?

초등학교 때에는 초가집이 많았다. 중학교 때 초가집을 허물고 슬레이트 지붕으로 덮었다. 지금은 석면유해물질이 나와 사용을 하지 않지만, 그 당시에는 그 사실을 알지 못해 슬레이트 위에 고기를 구워 먹었다.

어렸을 때 소망(꿈)이 무엇이었나요?

대통령이었다. 농사짓기 싫어 열심히 공부했다. 무엇이든 마음대로 다 할 수 있을 것 같아서 대통령이 좋아 보였다.

명절 모습은 어땠나요?

명절이 되면 멀리서 친인척들이 와 집안이 북적거렸다. 사촌

들, 오촌 아저씨들, 촌수 모르는 많은 아저씨, 아줌마, 그분 자녀들이 오셨다. 모이면 할머니가 빚은 술과 떡을 드시며 담소를 나누시며 가끔 싸우기도 하셨다. 그분들이 용돈을 주셔서 명절이 좋았다.

➲ 옛날 공주 시내의 모습을 알고 싶어요.

70년대 공주에는 시골에 버스가 많이 없어서 아파도 걸어서 병원에 갔다. 외지로 가려면 직행버스를 탔고 차멀미를 했다. 어른들이 버스에서 담배를 피웠다. 방안에서도 피웠다. 마트가 없는 대신 오일장이 섰다. 사람들은 오일장을 많이 이용했다. 장에 가면 오락실이 있었고 다방지금의 커피숍이랑 비슷함이 있었다. 볼거리가 많이 없어서 백제문화제가 열리면 사람들이 많이 모였다. 여인숙요즘 모텔과 비슷함이 많았고, 사람들이 다방에 많이 갔다. 다방에서 쌍화차, 커피 등을 팔았다.

신관동보다 구舊 시내지금 중동에 사람들이 많이 살았고 신관동은 그때는 허허벌판이었다. 비가 오면 금강이 범람해서 '포전浦田'이라고 불렀고, 간혹 홍수가 나서 사람들이 피해를 많이 봤다. 금강을 건너는 다리가 금강교 하나밖에 없어서 사람들이 다리를 건너서 다니기가 지금보다 힘들었다. 옛날에는 농촌에 사람들이 많이 살았다. 더 옛날에는 공주읍, 공주군이었는데 인구가 많이 늘면서 92년쯤 공주시로 바뀌었다. 공주 시내가 발달하고 사람들이 그곳으로 빠져나가면서 인구가 많이 늘어 공주읍은 1986년 시로 승

격되고 공주군과 분리되었다가 1995년에 다시 공주시 · 군을 통합했다. 공주 면 지역은 인구가 많이 줄었다.

➡ 아빠가 생각하시는 공주는 어떤 곳인가요?

공주는 원주, 경주 등의 '주'자 돌림인 다른 지역과 같이 1,500년이 넘는 오래된 도시이고 너도 알다시피 한때는 백제의 수도였다. 백제 때부터 있었던 공산성에는 이괄의 난 때 인조 임금이 피신해 왔다고 하고 인절미에 얽힌 일화처럼 이야기가 많은 곳이다. 땅이 서울보다 1.6배나 크지만, 산이 많아 사람들이 살만한 평지가 없어 살기 어려웠다. 그렇지만 같이 모내기를 하고 추수도 함께 하고 서로 도우면서 오순도순 살아왔다.

인터뷰를 마치고

아빠를 인터뷰하면서 몰랐던 아빠의 이야기를 알게 되어 신기하고 재밌었습니다. 저는 아빠의 이야기를 들어 재밌고, 아빠는 자신의 옛날이야기를 해주며 인터뷰를 노는 것처럼 즐겁게 해주셔서 아빠와 더 친해진 것 같아 뿌듯합니다.

그림 : 3학년 소유빈

디스코바지, 월남치마의 시대

유지오 3학년

➲ 두 분의 고향은 어디인가요?

엄마 경기도 연천 전곡읍.

아빠 공주시 중동. 좀 크고는 옥룡동에서 살았는데 중동에서 살았을 때가 더 재밌었어.

➲ 경제 사정은 어떠셨죠?

엄마 어릴 때는 농사를 하는데도 엄청 가난해서 외할머니가 남의 집 오이밭 가서 품삯 받고 일도 하고, 곰돌이 인형 눈 붙이는 부업도 했었어. 평소엔 닭 가공하는 공장에서 일하셔서 가끔 닭을 가져오셨는데 그게 엄청 맛있었다.

아빠 기억이 날 때부터는 풍족하지도 가난하지도 않았다. 은수저쯤 됐을 거야.

➡ 그때는 핸드폰이 없었을 때일 텐데, 주로 뭘 하며 시간을 보내셨나요?

엄마 동네에 모여서 또래 애들하고 많이 놀았지. 그래봤자 애들도 별로 없어서, 만화방에 가서 책만 주구장창 읽었던 거 같아.

아빠 친구들하고 비석치기도 하고 땅따먹기도 하고, 시장 곳곳을 탐험했지. 밤에는 제민천에서 깡통 쥐불놀이도 하고, ,시장 동네 애들하고 돌 던져서 북중 유리창도 깨고, 제방에서 뛰어내리다가 같이 놀던 친구가 머리를 다치기도 했었지. 여섯 바늘이나 꿰맸는데, 담날에 그거 또 했어.

➡ 친구들과의 관계는 어떠셨나요? 인기는?

엄마 엄마는 아싸. 친구들한테 끌려다니는 스타일. 인기는 많았지. 하지만 아빠가 첫사랑인걸? 엄마는 워낙에 내성적이고 얌전해서 연애는 못 했다가, 너희 아빠랑 컴퓨터 채팅으로 만나서 처음 전화한 날에 아빠가 사랑한다고 얘기해 달라는 거야. 엄마가 주저하다가 해줬는데, 책임감? 자기 최면? 내가 이 사람을 사랑해야 한다는 생각 때문에 연애도 하고, 결혼도 했지. 후회는 안 해.

아빠 좋았어. 인싸였어, 인싸. 이성한테 인기가 무지하게 많았어. 초등학교 때 반장 하면서 여자애들 표를 더 많이 얻었었어. 믿거나 말거나.

엄마 저거 다 뻥이야.

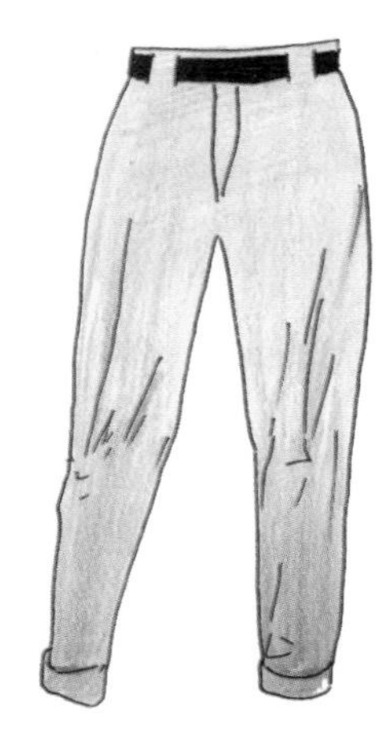

월남치마, 디스코바지. 그림 3학년 소유빈

두 분이 학생이셨을 때 했던 최고의 일탈은?

엄마 수능 백일 전에 백일주 마시기. 엄마가 상고를 다녔잖아. 고3 때 집이랑 학교가 멀어서 도서관에서 먹고 자고 공부하고 그랬다가, 수능이 백일 남은 날에 학원을 안 가고 집 가서 백일주를 마셔도 되냐고 우리 엄마한테 물어봤었어. 대차게 까였지. 난 굴하지 않고 가서 친구랑 와인 마셨어. 그리고 그냥 잤어. 깬 다음에 외할머니가 끓여준 라면 먹고 또 잤어. 그때 외할머니는 다 알면서 끓여다 주신 거 같아. 혼나진 않았어. 넌 어림도 없을 줄 알아.

아빠 유아원 다녔을 때 유아원 탈출했다가 퇴학 맞았어. 좀 커서도 반항한답시고 반나절 동안 집 나간 적 있는데, 갈 데 없어서 그냥 집 갔어. 너도 똑같을걸?

⮕ 그 당시 유행하던 패션은?

엄마 짧은 교복이 유행했다가 월남치마가 유행한 적이 있었지. 아주 긴 치마 있잖아, 왜. 무릎 아래까지 덮는. 좀 나중엔 배꼽티랑 허리는 꼭 맞고 밑은 커서 신발을 다 덮는, 그래, 통바지가 유행했었어. 근데 나는 일자一字바지랑 그냥 티셔츠 입고 갔었어. 유행에 뒤처진 스타일.

아빠 찢어진 청바지를 입고 갔었는데, 대학교 교수님이 찢어진 청바지를 가리키면서 찢어진 부분이 양자역학에서 전자가 빠진 부분이랬던 기억이 나. 찢어진 청바지가 유행했었거든. 난 유행의 선구자였지.

⮕ 친구들 사이에서 가장 유행했던 놀이는?

엄마 비석치기. 땅에다 선 그어놓고 돌 던져서 쓰러뜨리는 거 있잖아. 만약에 너랑 나랑 한다고 치면 네 돌을 선 끝에다 놓고 내가 반대쪽 선 끝에 서서 그 돌을 쓰러뜨리는 거지. 못 맞히면 역할 바꿔서 하고, 맞히면 다음 단계로 넘어가는 거야. 뭐, 머리 위에 돌을 놓고 머리를 휘둘러서 맞힌다든가, 배나 발 위에 돌을 놓고 던진다든가 그런 거 있잖아. 그 외에도 말뚝박기, ㄹ자, 사방치기, 고무줄놀이, 경찰과 도둑 등등…. 명절 때 쥐불놀이도 많이 해서 옷 빵꾸 많이 냈지. 동네 뒷강에서 물놀이도 했었어.

아빠 오징어, 십자가, 오재미, 땅따먹기, 고무줄 끊기. 쉬는 시간이 되면 여자애들이 고무줄 놀이를 해. 그러면 우리는 50원짜리 칼을 사서 돌아다니면서 고무줄을 끊어 줘. 그리고 도망가. 그다음엔 잡혀서 맞는 거지 뭐. 한 사람만 끊으면 다른 애들이 서운해하니까 난 골고루 끊어줬어. 그땐 그게 인기의 척도였거든. 난 박애주의자야.

➲ 성적은 어떠셨나요?

엄마 엄마는 초딩 때야 엄청 에이스였지. 중학교 때는 중상위권, 고등학교 땐 상고에서 거의 최상.

아빠 초등학교 때는 최상, 중학교 때는 상, 고등학교 때는 중, 대학교 때는 말. 아마 중간은 했어.

➲ 학생 시절에 가장 기억에 남는 순간을 꼽자면?

엄마 친구들이랑 놀 때? 기억이 잘 안 나는데.

아빠 친구들하고 돌싸움해서 친구들이랑 모르는 아저씨 머리에 빵꾸 냈을 때. 시장 동네 애들하고 큰 대로변을 경계로 양쪽에서 싸움이 났었어. 그때 머리를 엄청 짧게 깎고 다녔던 도토리 아저씨가 있었는데 그 아저씨가 지나가다 맞아서 빵꾸가 났었어. 난 도망가서 다음에 어떻게 됐는지 모르겠네. 오해하지 마. 나 집에선 모범 아들이었어. 밖에서만 그런 애들이랑 놀았던 거지.

➡ 다시 학생 시절로 돌아간다면 가장 먼저 무엇을 하고 싶으신가요?

엄마 남자친구 만나기? 뭔가 일탈을 좀 해볼 걸 그랬나. 나는 너무 순하게만 살아서 호호호.

아빠 공부? 여자친구 사귀기? 엄마랑 다시 연애하기. 세상을 다 뒤져도 너희 엄마만 한 사람 없다.

➡ 학생 때 가장 슬펐던 기억은?

엄마 엄마는 부모님 싸우셨을 때. 엄청 불안했어. 그래서 나중에 우리 자식들한테는 이렇게 불안하지 않게 해주고 싶다고 생각했어. 지금도 많이 싸우시지만, 옛날엔 더 심했어.

아빠 받아쓰기 60점 맞았을 때. 아빠는 공부 잘했거든.

➡ 이상입니다. 소감 한 말씀 해주세요

엄마 지금 생각해보니 엄청 행복했던 기억이 안 나네. 우리 딸들은 행복한 추억을 많이 만들 수 있기를.

아빠 나처럼 살지 마라.

인터뷰를 마치고

솔직히 인터뷰하면서 재밌어서 우리끼리 엄청 웃었다. 그러다 슬펐던 기억 질문할 때 조금 숙연해졌는데, 엄마가 부모님의 부부

싸움 얘기할 때 난 좀 놀랐다. 두 분이 싸우시는 거야 지금까지도 그러셔서 그랬구나 했지만, 내가 놀란 부분은 우리 부모님도 각자 나름의 생각과 경험을 토대로 우리를 키우셨다는 것이었다. 생각해보면 부모님은 단 한 번도 싸운 적이 없었다. 의견이 갈려도 항상 누구 한 분이 굽히고 들어가면 저절로 풀어졌기 때문에, 원래 잘 안 싸우는 성향인가보다 했는데 우리 때문에 싸우지 않는 거였다니. 평소에는 속으로 자주 불평하곤 했던 부모님의 교육 방침에 대해 다시 한번 생각해 볼 수 있었다. 부모님의 어린 시절 이야기를 듣고 있으니 나도 그 시절에 태어났었다면 엄마, 아빠랑 친구가 되어 같이 재밌게 놀 수 있었을 것 같다는 아쉬움도 남았지만, 전체적으로 굉장히 만족스러운 인터뷰였다.

내 교복을 입은 엄마

이하나 3학년

우리 엄마도 1988년, 즉 32년 전 지금 내가 다니고 있는 공주여자중학교에 다니셨다. 엄마는 예체능적인 기질이 있으셨다. 차이콥스키의 발레 음악, '백조의 호수' 안무를 짜서 친구들에게 가르치고 무용실에 모여 춤을 췄다고 한다. 배구를 할 땐 선생님들께서 엄마를 부르셨다. 엄마는 체육이나 노래를 할 때 맨 앞에서 가르치고 시범을 보이곤 했다.

나도 엄마를 닮은 걸까? 합창대회나 체육대회 같은 걸 할 때면 늘 앞장서서 한다. 처음 중학교를 배정받기 위해 뺑뺑이를 돌렸을 때 여중이 나왔다. 하지만 친구와 같이 난 너무나 북중에 가고 싶었다. 그래서 다시 한 번만 돌려달라고 했다. 그 뒤로도 여덟 번은 더 돌렸을까, 빌고 빌었건만, 하나 같이 모두 여중이 나왔다. 결국, 세상이 떠나가라 울며 집에 돌아왔다. 안그래도 서러운데 엄마까지 옆에서 웃으니 더 서러웠다. 그날 이후로 한 삼일 밤은 여중의 'ㅇ' 자만 나와도 눈물을 훔쳤다. 엄마 때문이라고, 엄마가 여중 나와서 그런 거라고 원망도 해봤지만 달라지는 것은 없었다. 이 정도면 여중이랑 운명이 아닌가 싶다.

지금 졸업 앨범에 엄마가 있었으면 좋겠는데 하필 수두에 걸려 졸업식에 가지 못했다고 한다. 엄마 대신 할머니가 가셨지만, 졸업장과 앨범 둘 다 가지고 오지 않으셨다. 엄마의 말로는 졸업식 말고 시장에서 놀다 오신 것 같다고 한다. 엄마는 남들 다 있는 졸업 사진이 없다는 게 참 아쉽다고 한다. 엄마의 학창 시절 사진은 하나도 없다.

"그나마 졸업 사진이라도 있었으면 좋았을걸."

말씀하시는 엄마의 순수한 눈망울엔 안타까움이 가득 묻어 있다. 나는 우리 학교 중앙 현관에 붙어 있는 옛날 사진들을 보면 우리 엄마도 한때 더 반짝이고 아름다웠던 시절이 있었겠지? 생각해 본다. 지금도 이렇게 예쁘고 사랑스럽고 깜찍한데 그때는 얼마나 더 그랬을까? 아마 이 세상에서 빛나는 수많은 별보다도 더 반짝이지 않았을까 싶다. 지금은 나를 낳고 엄마가 되면서 너무 많은 것을 놓쳐버리지 않았을까 속상하고 슬프다. 엄마도 수많은 꿈을 꾸셨을 텐데. 더 많은 것을 하고 싶었을 텐데. 누리지 못한 것도 얼마나 많을까?

우리 엄마는 '염순미'라는 이름이 아니라 하나 엄마, 형수님이라 불리며 사신다. 하지만 지금 내 눈엔 엄마가 최고로 예쁘고 누구보다도 순수하다. 컴퓨터로 타자를 치며 아직 죽지 않았다고 어깨를 으쓱하고, 다이어트를 할 땐 살 빠진 것 같다는 한마디에 마치 놀이동산에 가는 아이처럼 신나 하시며 방귀 한 번 뀌고 그 누구보다도 행복해하신다. 겉모습만 주름져 가는 것일 뿐 내면은 어쩌면 나보다도 더 하얗지 않을까 싶다. 아직도 엄마의 모든 게 그때 멈춰 있는 것 같은데 벌써 엄마는 50에 가까워져 가고 몸에 수술 자국도 있는 것이 마음이 아프다는 말로 부족하다. 때론 애교도 부리고 가끔 밥을 먹다가도 뿜는, 세상에 하나밖에 없는, 내 모든 걸 말할 수 있고 모든 것을 알고 있는 우리 엄마.

사진은 엄마가 내 교복을 입고 있는 사진이다. 저렇게 입고 얼마나 설레고 신나 하시던지 한참을 거울 앞에서 발을 떼지 못했다. 내가 봐도 엄마 참 예쁘다. 나도 엄마를 찍어 아직도 소중하게 간직하고 있다. 난 앞으로 엄마가 내 곁에서 지금처럼만 있었으면 좋겠다.

깻잎머리 청재킷, 부모님의 어린 시절

김해린 3학년

➲ 엄마, 아빠는 어릴 때 무슨 놀이를 하며 자랐는지 궁금해요.

엄마 공기놀이를 하거나 고무줄놀이를 제일 자주 했었죠.

아빠 학교에서 쉬는 시간엔 말뚝박기나 비석치기, 구슬치기를 하고 놀았고 하교 후에는 오락실에 가서 테트리스, 갤러그, 코브라, 버블버블이라는 오락 게임을 많이 했어요. 말뚝박기는 이렇게 하는 거예요. 여럿이 두 편으로 나누어 대장을 정하면 대장이 가위바위보를 해서 공격과 수비를 정해요. 수비팀 대장이 나무나 벽에 몸을 기대어 서면 다른 사람이 대장의 가랑이 사이에 머리를 끼고 다리를 잡아 말을 만들고, 공격팀의 사람들은 대장부터 차례로 말 등에 뛰어올라 타는데, 떨어지거나 가위바위보에 지면 공격과 수비가 바뀌는 거죠.

구슬치기는요?

아빠 구슬 여러 개를 모여놓고 특정한 자리를 정한 뒤 멀리서 구슬 하나를 모여있는 구슬 쪽으로 던져요. 이 구슬이 그 자리를 벗어나면 자신이 갖게 되는 놀이예요.

비석 치기는 저희도 초등학교 때 했어요. 납작한 돌을 세워놓고 조금 떨어진 곳에서 돌을 던지거나 발로 돌을 차서 세워놓은 돌을 맞춰 넘어뜨리는 놀이죠. 학교 내에서 했던 단체 활동이 있었나요?

엄마 저는 걸스카우트를 했어요. 산이나 강가 쪽으로 가서 텐트를 치고 밥을 저희끼리 해 먹으면서 어려운 상황에 처했을 때 극복해 나가는 법을 배우곤 했죠.

그때도 점심시간에 급식실에서 점심을 먹었나요?

아빠 아니요, 집에서 점심 싸갔답니다. 멸치볶음, 김치 볶음, 김, 분홍 소시지 반찬을 싸주셨어요.

엄마 저희 중학생, 고등학생 땐 야자가 의무라 도시락을 두 개씩 싸서 가지고 다니는 학생들도 있었죠. 저는 집이 가까워 야자 전에 집에서 밥을 먹고 야자 하러 갔던 기억이 나네요.

지금은 없는 수업 같은 게 있을까요?

엄마 음, 아! 교련 수업이라고 있었죠. 교련 수업은 여학생과 남학생이 받는 수업이 달랐는데 여자들은 붕대 감는 법, 치료하는 법을 주로 배웠어요.

아빠 맞아요. 남자들은 마치 군대 가는 것을 대비하는 듯이 나무나 플라스틱 같은 재질인 모형 총으로 총을 쏘는 법, 총을 쏠 때의 자세 등을 배웠어요. 그리고 남자들이 교련 수업을 들을 땐 교련복이라는 것을 입고 활동했답니다.

중학교, 고등학교 때 교내 규칙은 어땠나요?

엄마 머리카락을 귀밑으로 3센티가 안 넘게 잘라야 했고 교복 통과 길이를 줄이지 못했어요. 사실 교복을 짧고 타이트하게 수선하려는 생각을 하는 학생이 별로 없었죠.

아빠 스포츠머리를 해야 했죠. 안 자르고 가면 경고를 받다가 계속 안 자르면 선생님들이 바리깡으로 잘랐어요. 머리와 복장 규정을 잘 지키는지 검사하는 선도부 학생들이 있었어요.

그 시절에 유행하던 스타일이 무엇인가요?

엄마 여자들이 많이 했던 헤어스타일은 깻잎머리였어요. 청재킷, 청바지처럼 청을 자주 입었죠.

깻잎머리. 그림 3학년 임예진

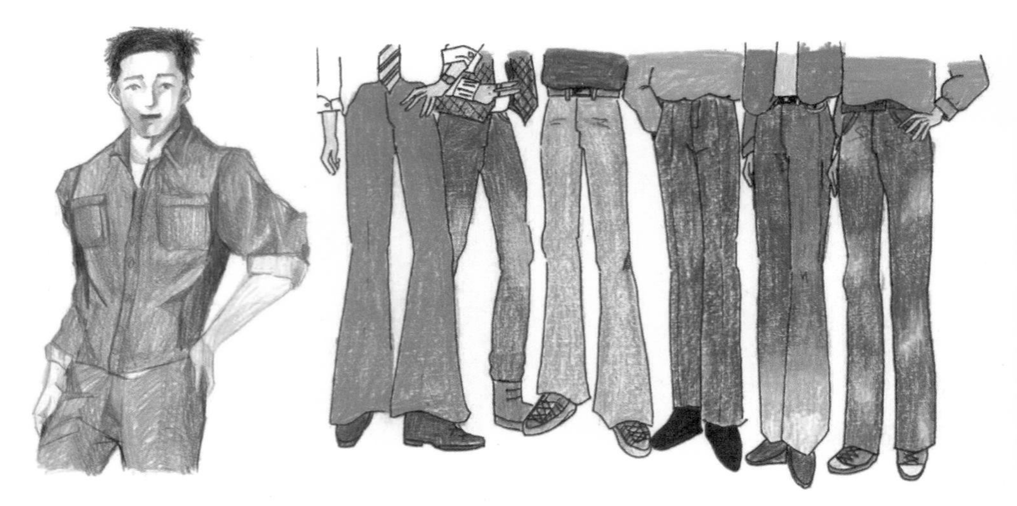

청재킷. 그림 3학년 정수인. 나팔바지. 그림 3학년 배은우

아빠 맞아요. 그리고 바지를 골반까지 내려 입는 골반바지와 나팔바지가 유행했죠. 또 어깨뽕을 엄청나게 넣어서 헐렁하게도 많이 입었죠.

인터뷰를 마치고

생각보다 내가 모르는 것들이 많아서 신선한 충격도 받고 신기했다. 뭔가 저 시절로 한번 가보고 싶다는 생각도 들었다, 좀 재밌을 거 같기도. 또 난 이전까진 우리 학교 규칙이 너무 센 거 같았는데 부모님 세대 때가 더 세서 우리 규칙은 별것도 아닌 걸 느꼈다. 그리고 요즘 유행하는 패션, 헤어스타일이 몇십 년 뒤에는 엄청 촌스럽고 웃길 걸 생각하니 벌써 웃음이 나온다. 나도 나중에 내 자녀들에게 가끔 나의 어릴 적 시절 얘기를 해주어야겠다.

우리 할머니

강민주 1학년

할머니는 장마가 시작될 때 태어나셨고, 고향은 인천 영종도이다. 예전에 영종도는 다리가 없어서 배를 타고 가야 했다고 한다. 할머니의 어머니, 나의 외증조할머니께서는 인천 생활이 힘들어서 고향인 공주로 도망 왔다고 한다. 당시 외증조할머니는 돈이 많지 않아서 할머니가 배고프다고 울면 물을 떠다 먹였다고 한다. 그래서 어린아이였던 할머니는 배가 고플 때마다 물을 마셨다고 한다.

할머니의 아버지, 나의 외증조할아버지께서도 아내가 있는 공주로 가려고 애기를 데리고 배를 타고 가던 중 부자처럼 보이는 사람이 애기(지금은 우리 할머니)가 너무 이쁘다고 자기한테 입양을 하면 안 되느냐고 물어봤지만, 외증조할아버지는 거절하셨다. 그런 이유로 공주에서 자라게 된 할머니는 어린 나이에 혼자서 많은 사촌 동생들을 돌보셨다. 잘 돌보지 않으면 많이 혼났다고 하셨다. 그리고 어릴 적에 할머니가 돌보던 사촌 동생들 중에 두 분이 돌아가셨다고 한다. 할머니는 이렇게 일을 많이 시키려고 입양을 안 보냈나, 생각하셨다고 한다.

할머니가 성인이 된 후에 지금의 외할아버지와 결혼을 하여 21살에 나의 엄마를 낳으셨고 우리 엄마가 초등학교 3학년 때 결혼식을 하셨다. 그리고 23살에 우리 이모를 낳고, 38살에 우리 삼촌을 낳으셨다. 그 당시 외할아버지께서는 밤마다 술을 드시고 오셔서 엄마, 이모, 삼촌을 잘 돌보지 않으면 화를 많이 내고, 좋지 않은 말들을 했다고 하셨다. 왜 그랬는지 여쭤보니 사는 것이 힘들고 가족들을 고생을 많이 시켜서 그랬다고 하신다. 몇 년 후 외할머니께서 45세가 되었을 때 내가 태어났고 그 후 할머니는 지금까지 나와 채은이, 민서, 현서의 할머니이시다.

삼대째 공주

이혜인 3학년

우리 집은 삼대째 공주에서 살아간다. 할머니 할아버지께서는 치과를 운영하시며 시내 사거리에 사셨고 아빠는 공주에서 태어나서 지금까지 여기서 지내고 계신다. 그리고 나도 아빠 엄마와 함께 금학동에 살고 있다. 나는 공주가 이때까지 어떻게 변화해왔는지 알아보기 위해 아빠와의 인터뷰를 통해 몇십 년 전의 공주를 만나보았다. 나는 아빠의 초등학교 시절의 공주에 대해 여쭤보았다.

➲ 아빠, 지금은 아빠가 다니셨다던 중동 초등학교 입학생 수가 많이 줄어 폐교 위기에 처해 있다던데, 아빠 때의 공주는 어땠나요?

아빠는 폐교 위기라는 말을 떠올리지 못할 정도로 학생 수가 많았다고 하셨다. 현재, 공주에 있는 초등학교는 보통 한 반에 20여 명이 정원이고 전교생이 200여 명 정도밖에 안 된다고 한다. 아빠의 학창 시절에는 70명 정도의 학생이 한 반에 모여 있었고 전교생이 2천 명이 넘었다고 한다. 1970년대 중동초등학교가 확장 공사를 할 정도였다. 그래서 잠시 오전, 오후로 반을 나눠 수업하기도 했다. 학생 수 때문에 폐교가 될 것이라는 것은 상상조차 못 했다고 하셨다.

➲ 예전엔 공주에 다리가 하나밖에 없었다고 들었어요.

아빠가 초등학교 저학년일 때에는 시내에서 신관을 잇는 다리가 하나밖에 없었다고 하셨다. 그땐 자동차의 수도 딱히 많지 않고 차가 밀리는 일도 거의 없어서 금강교 하나로도 충분했던 거다. 몇 년 후 자동차가 많아지고 시내보단 신관이 발달하며 백제큰다리가 하나 더 생기게 되었다. 지금은 퇴근 시간이 되면 백제큰다리와 공주대교, 두 개의 다리가 꽉 막힐 정도로 차가 많다. 부모님의 자가용을 통해 등교하는 일이 평범하게 느껴지는 지금과 다르게 보통은 걷거나 자전거를 타고 등교를 했다. 아빠도 친구들과 함께 자전거를 타고 등교하셨다.

➲ 아빠의 어린 시절과 지금 공주의 생활 모습이 크게 다른가요?

그땐 대부분 아파트가 아닌 주택에 살았고 그래서 이웃과 만날 일이 더 많았다고 아빠가 대답해주셨다. 그리고 지금보다 시장도 많이 활성화되어 있었다고 한다. 예전의 공주는 아파트가 많이 들어서지 않았고, 대부분 단독주택에서 살았다. 그래서 골목길에서 만나면 반갑게 인사하며 가족, 형제처럼 따뜻하게 지낼 수 있었다. 시장이 더 북적거렸고 큰 가게들보단 작은 가게들이 많았다. 지금은 편의점과 큰 마트들이 등장해서 시장의 활기가 많이 사라진 것이 안타깝다.

아빠의 어린 시절과는 다르게 공주에 사는 우리는 많은 이웃과 단절되어 대부분 아파트에서 살아간다. 층간 소음 등의 이유로 서로 대립하는 경우도 많고, 엘리베이터에서 사람을 만나면 인사는 나누지만, 친분이나 교감이 많지 않아 어색해지는 상황이 대부분이다. 그리고 지금은 대전이나 세종이라는 큰 도시로 사람이 많이 빠져나가 인구도 많이 줄고 공주의 상업이 비활성화되어 쇠락하는 도시의 이미지가 꽤 있다. 새로운 현실을 받아들이면

35년 전의 공산성에서 찍은 사진. 맨 오른쪽이 아빠

서도 또 다른 방향으로의 공주의 발전의 길을 찾아야 할 것 같다.

이때까지는 공주의 달라진 점에 대해 알아보았다. 하지만 거의 달라지지 않은 장소가 있다. 바로 공산성이다. 외관은 관광에 유리하게 변하였지만, 공산성 안에 있는 것들은 거의 그대로인 것 같다. 우리 아빠가 어렸을 때 그 앞에서 사진을 찍은 진남루가 아직 그 자리에 있는 것처럼. 우리 공주는 이렇게 공산성, 무령왕릉, 석장리 등 지켜야 하는 문화유산이 있다는 점이 주변 도시와 다른 점이라 생각한다. 공주는 이런 문화유산을 공부하고 역사 탐구에 집중하여 예전처럼 사람들이 찾아오는 매력 있는 도시로 만들어야 한다고 생각한다.

내 나이의 엄마

신유진 3학년

엄마는 학창 시절에 아침 6시에 첫차를 타고 등교를 했다고 한다. 하루는 엄마가 배가 너무 아파 정류장에서 내리자마자 학교까지 배를 잡고 뛰어갔다고 했다. 이걸 듣고 나는 엄마가 배를 잡고 뛰어가는 모습이 상상되어서 바닥에 뒹굴며 웃었다. 그렇게 아침에 마라톤을 뛴 엄마의 점심은 급식이 아닌 도시락이었다. 겨울이 되면 난로 앞에 도시락을 쌓아서 따듯하게 데워 먹었다고도 하셨다.

엄마의 고등학교 시절 가장 큰 추억은 백제문화제 때 의자왕의 딸인 공주 역할을 맡아 가장행렬을 한 것이라고 하셨다. 난 처음에 엄마가 공주 역할을 했다는 말을 믿지 않았지만, 외할머니께서 진짜로 엄마가 공주 역할을 했다고 하셔서 놀랐다. 엄마가 행렬하는 사진을 못 찾아서 무척 아쉽지만 엄마의 추억 속에 남아

엄마의 학창 시절 사진. 나무로 만들어진 책상과 의자가 신기하다

있으니 그걸로도 충분하다고 했다.

엄마의 학창 시절 사진을 보니 앳된 모습이 나와 닮아 있었다. 겉모습은 조금 변했을지 몰라도 엄마의 마음 한구석에는 소녀였던 엄마의 추억이 자리 잡고 있는 듯했다. 엄마는 어릴 때 사진을 보면서 "엄마 저 때 참 예뻤다"하고 말했다. "엄마 지금도 예뻐"라고 말해주고 싶었지만 살갑지 않은 딸이어서인지, 그런 말을 하면 엄마 눈에서 눈물이 나올 것 같아서인지 모르겠지만, 그 말은 내 속에 담아두었다. 지금이라도 엄마한테 말해드리고 싶다.

"엄마는 옛날에도 지금도 항상 변함없이 예뻐. 지금이나 예전이나 나한테는 아직 소녀야."

주름도 없고 백옥같이 예쁜 피부를 지닌 앳된 사진 속 엄마를 보고, 세월이 지나 두 아이의 엄마가 된 엄마를 보니 말로 설명할 수 없는 이상한 기분이 들었다. 또 엄마의 눈빛을 보고 '엄마는 지금 무슨 생각을 하고 있을까?'라는 생각도 했다. 아마 내가 엄마 나이가 되고 나서야 알 수 있을 것이다. 엄마와 옛날 사진을 꺼내 보면서 이야기를 나누니 47살의 엄마가 아닌 17살 소녀와 함께 이야기를 나누는 것 같아 좋았다.

종종 추억이 가득 담긴 사진첩을 꺼내 보면서 엄마와 추억 얘기를 나눠야겠다. 마지막으로 예전이나 지금이나 항상 아름다운 우리 엄마, 내가 말로 표현 못 할 만큼 많이 사랑해.

엄마랑 할머니가 들려준 옛 공주 이야기

송지원 3학년

오랜만에 엄마랑 할머니랑 앨범을 보았다. 앨범에는 엄마 어릴 때 모습과 할머니의 젊은 시절 사진이 있었다. 그 사진들을 보며 엄마랑 할머니께서 옛 공주 이야기를 해주셨다.

우리 엄마는 공주 정안면 산성리에서 태어나셨다. 마을은 온

통 논과 밭뿐이었다. 어릴 때는 주로 동네 친구들과 돌 공기를 하고 고무줄놀이를 하셨다. 엄마의 어린 시절엔 장난감이 따로 있는 게 아니고 돌이나 나무, 고무줄처럼 주변에 흔히 있는 것, 일상생활에서 사용하는 물건들이 놀이 도구가 되었던 것 같다.

중학교 2학년 때 처음 교복이 나와서 그때 교복을 입었는데 처음 입어봐서 신기하고 좋았다고 하셨다. 버스를 타고 중학교에 다녔는데 학교의 모습은 지금 내가 다니는 여중이랑 다를 게 없다고 하셨다. 할머니가 밤 농사를 하셔서 주말에는 밤을 주우러 다니셨고 평일에는 그냥 집, 학교, 집, 학교였다.

할머니가 들려주신 공주의 옛날 모습은 엄마랑 같았다. 논과 밭으로 둘러싸였고 할머니께서 밤 농사를 하셨는데 무척이나 힘드셨다. 하지만 우리 할머니와 할아버지는 쉬는 날엔 시내에 가서 데이트를 했다고 하셨다. 두 분 젊었을 때 사진을 보니 선남선녀였다. 히힛. 시골이었지만, 사진들을 보면 정겹고 지금 산성리의 모습과 크게 다르지 않다는 걸 느꼈다. 이번 기회로 지금의 내 나이 때 엄마의 모습과 할머니의 얘기를 들으니 너무 재밌었고 이번 여름에 산성리에 갔었는데 겨울에도 또 가고 싶다.

젊은 시절의 할아버지와 할머니

어제의 오늘
오늘의 어제

나의 작은 비밀기지, 제민천

강혜영 3학년

저는 산책부 동아리에 들었어요. 스포츠클럽 시간엔 항상 제민천으로 산책을 하러 가요. 그때마다 제민천의 풍경은 수업시간에 받았던 스트레스를 날려 준답니다.

제가 좋아하는 제민천의 풍경은 양옆으로 빼곡히 들어선 집들이에요. 집 하나하나의 특징과 매력을 천천히, 자세히 보면서 산책하다 보면 나도 모르게 시간이 훅 지나간답니다. 정겹고, 편안하고 마음 놓이는 고향 같아서 힘들고 불편한 현실을 겪은 내 마음을 달래주는 것 같아요. 금이 간 벽, 복잡한 전깃줄을 꿋꿋이 연결하고 있는 전봇대, 커다랗거나 작은 간판들…. 모두 다 아름답고 세련되진 않았어요.

제민천의 허름한 집들은 작품이 아니라 사람들이 살아가는 곳이에요. 그것이 제민천의 살아 있는 매력이라고 생각해요. 민속촌

같은 데 가면 주민은 없고 사람이 살 수 없는, 모양만 있는 집들이 꾸며져 있어서 재미가 없더라고요. 지금 제민천은 이런저런 사업을 해서 예쁘게 다듬어지고 있지만, 주민들이 살지 않고 카페, 식당, 이런 것들만 남는다면 제민천도 그런 민속촌이나 똑같겠지요. 그래서 저는 제민천이 너무 예뻐지지 않았으면 좋겠어요.

이 글을 쓰려고 자료를 찾다 보니 2012년에 제민천 생태하천 조성사업을 하는 중에 물고기들이 폐사한 사건이 있었다는 걸 알았어요. 제민천은 꾸미지 않아도 공주에 사는 사람들에겐 중요한 장소이고 충분히 아름다운 곳이니 그런 일이 다시는 없었으면 좋겠습니다.

제민천엔 제가 좋아하는 '중동오뎅집'도 있어요. 옛날에 어머니랑 같이 간 적이 있었는데, 뜨거운 떡볶이를 호호 불어가며 입안에 가득 넣고 열심히 먹었던 기억이 나요. 냄비에다 주는 국물떡볶이랑 두꺼운 피의 왕만두, 어묵 이런 음식들을 저렴하고 푸짐하게 먹을 수 있는 곳이에요. 어린 시절을 떠올리게 해주는 그 떡볶이 맛, 다시 한번 가서 먹어보고 싶어요. 제민천 주변을 산책하다가 배가 고파지면 이곳에 들러 떡볶이 한입 먹고 가는 것을 추천합니다.

제민천엔 모두 열여덟 개의 다리가 있다고 합니다. 4km 남짓, 짧지도 않지만 그리 길다고 할 수도 없는 하천에 그렇게 많은 다리가 있다는 것은 옛날부터 지금까지 공주에 사는 사람들의 일상이 제민천을 사이에 두고 오가며 이루어졌다는 뜻이 아닐까요?

제민천의 다리들은 별명도 많아요. 제세당이란 약방과 가까이 이는 교촌교는 제세당 다리라고 불렸다고 해요. 우시장인 소전이 가까이 있을 땐 쇠전다리라고도 불렸답니다. 옛날 분들은 아이들을 놀릴 때 "다리 밑에서 주워 왔다."라는 말을 하셨다는데 그 말

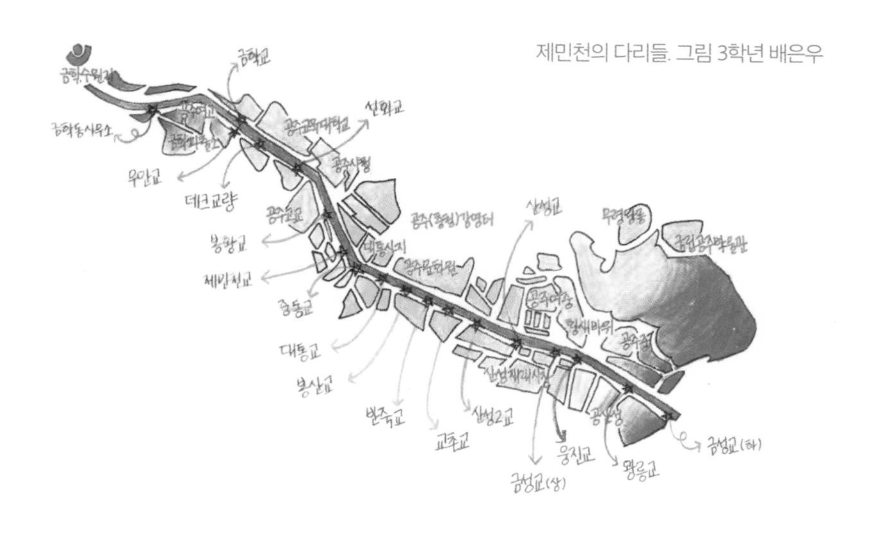

제민천의 다리들. 그림 3학년 배은우

이 너무 웃겨요. 왜 다리 밑인 거죠? 공부하다 보니 공주에 철다리가 놓인 것이 1933년이었어요. 지금의 금강교인데요, 그 다리 준공식 때 구름같이 사람들이 몰려 있는 사진을 보고 깜짝 놀랐어요. 다리 놓는 게 무슨 대단한 일인가? 그런데 금강교는 우리나라 최초의 철교였고 도청을 대전에 빼앗기는 대신 받은 선물이었대요. 옛날 공주의 학생들이 다리 앞에 가서 찍은 졸업 사진이 많은 것도 이해가 되었어요. 처음 사진을 봤을 땐 엄청 웃겼어요. 공주의 어른들도 예외 없이 말을 잘 안 들으면 "대통 다리 밑에서 주워 왔다."는 말을 듣고 자랐다고 합니다. 금강보다 공주 사람들의 삶에 훨씬 가까이 닿아 있고 이야기도 많은 제민천은 우리 공주의 중요한 상징이 아닌가 싶어요. 저는 그중에서도 금성교를 좋아합니다. 제민천의 가장 하류에 있는 다리랍니다. 제가 살면서 봐왔던 곳 중에서 가장 멋진 곳이라고 생각합니다. 겉으로 보기엔 평범하지만, 다리의 그늘진 계단에 걸터앉으면 고요히 들리는 물소리가 마음을 차분히 안정시켜 준답니다. 가끔 귀여운 오리들도 볼 수 있어요. 제가 금성교를 즐기는 방법은 친구와 함께 오는 것이랍니다. 친구와 도란도란 이야기하다 보면 해가 뉘엿뉘엿 지고 있다니까요? 나중에는 여기서 도시락도 함께 먹자고 약속도 했답니다.

제민천의 과거

임수빈 3학년

나는 제민천의 옛날 모습을 찾아보았다. 공주학연구원의 '공주학 아카이브'를 검색해보니 자료가 많았다. 일제강점기의 제민천 사

일제강점기 제민천 모습. 사진 공주대학교 공주학연구원 공주학아카이브

공주사대부고 학생들의 제민천 정화운동(1963년 추정). 사진 공주대학교 공주학연구원 공주학아카이브

진을 보니 지금과는 달리 염소도 있고 큰 나무들이 줄을 지어 서 있다. 지금 우리의 산책길과 등굣길에 늘 보는 냇물인 것처럼 그 당시에 사람들도 걸어가던 길을 멈추고 잠시 목을 축이던 곳이었던 것 같다. 지금도 물이 아주 높지는 않지만, 일제강점기 때에는 지금보다 더 낮아 보인다. 우체국부터 금강까지는 홍수가 나면 물이 넘치는 침수지역이고 '미나리꽝미나리밭'이 있었다. 제민천 바흐 카페 앞의 대통교 주위에 시장이 크게 발달해 있었는데 1918년에 공주시가지 정비계획에 의해 작은 사거리에서 큰 사거리까지 제민천 변으로 밀려나게 되었다. 그때 공주 갑부 김갑순 씨의 투자로 작은 사거리에서 큰 사거리에 이르는 미나리꽝이 매립되고 이곳은 대규모의 사설 시장으로 변하게 되었다고 한다.

이 사진은 1963년쯤 제민천을 청소하기 위해 모든 고등학교 학생들이 봉사활동을 나왔던 것 같다. 이 사진 외에도 학생들이 정화 운동을 하는 사진들이 조금씩 보인다고 한다. 사진 오른쪽 위에 제일 감리교회가 보인다. 위치는 같지만, 이 교회도 지금과는 정말 다른 모습이다. 주변에 보이는 집은 지금처럼 담이 없고 벽화도 그려져 있지 않다. 벽화가 없어도 무척 다정하고 예쁜 느낌이 드는 집들이다. 지금 제민천의 바닥은 돌이나 시멘트인데 그땐 그냥 흙이었다. 저 때도 열심히 일하는 학생이 있고 카메라를 의식하는 학생들이 있는 것 같다. 반 정도 학생들은 선생님 눈치 보면서 몰래몰래 놀다 들어갔을 것 같다. ^^

지금의 제민천은 과거의 제민천 거리보다 좀 더 밝고 건물도 많이 들어서 있다. 제민천 길을 더 잘 걸을 수 있도록 길도 잘 포장되어 있고 종종 볼거리도 많이 생겨서 저녁에 산책을 하러 나가기도 좋은 것 같다. 과거에는 슬픈 기억도 있었을 텐데 이제 좋은 기억들로 가득한 제민천이 되었으면 좋겠다. 다음은 수아의 한 마디.

"이곳은 공주에 사는 사람은 누구나 아는 산책길이다. 시원한 물소리와 시원한 그늘, 예쁜 꽃들과 나무들이 함께 어우러져 더운 날씨에도 상쾌한 기분을 만끽할 수 있다. 친구 또는 가족과 함께 이야기를 나누며 주위의 예쁜 카페들과 공방들 그리고 공주의 역사를 알 수 있는 여러 문화 공간을 들르며 대화할 수 있는 마음 편

한 '이야기길'이다. 제민천은 나에게 주말 오전 가족과 함께 수다 떨며 산책할 수 있는 행복의 길이다."

제민천의 선물

신유진 3학년

우리 학교에서 산성시장 쪽으로 내려가면 만나는 제민천 길. 학교 끝나고 집에 갈 때 아무 생각 없이 걸었던 길을 다시 걸으며 하나하나 마음에 담았다. 비가 추적추적 내리는 여름날 친구와 나란히 걸으며 졸졸 흘러가는 물소리를 들으니 더운 날씨에도 방금 샤워를 한 것같이 시원했다. 관심이 없던 골목길을 유심히 살펴보니 내가 알지 못했던 곳들이 눈에 들어오기 시작했다.

학교가 끝나고 급하게 버스를 타느라 바빠서 가지 못했던 아기자기한 골목길들, 그저 앞만 보고 걷느라 보지 못했던 예쁜 글과 그림이 새겨진 벽들, 벽은 오랜 시간, 이 골목길을 지나간 시간을 담고 있던 것 같았다. 그중에서도 옛날 교복을 입은 학생들의 모습이 그려져 있는 벽이 내 마음속 사진첩에 저장되었다. 까맣고

네모난 가방을 꼭 쥐고 나란히 앉아 있는 풋풋한 소년, 소녀들. 서로 눈도 못 마주치고 수줍어하는 모습을 보니 산뜻한 바람을 타고 날아온 민들레 씨가 내 마음을 간지럽히며 싹을 틔웠다.

그리고 우리 동네 시인의 문장을 써넣은 셔터. 가게 문을 닫았다고 알리는 셔터에 쓰인 글귀 하나가 거리의 분위기를 바꿀 수 있다는 것이 신기했다. "가장 예쁜 생각을 너에게 주고 싶다."는 글귀 옆에 날아가는 민들레 씨가 그려 있었다. 왜 이 그림이 그려져 있을까? 누군가를 좋아하는 마음은 민들레 씨처럼 넓고 푸른 하늘을 나는 것만 같은 느낌이라는 뜻인 것 같다. 글은 정말 신기한 능력이 있는 것 같다는 생각이 들었다. 몇 자 되지 않는 말이 사랑하는 마음을 느껴보고 싶게 만드니 말이다.

제민천에 간 둘째 날은 덥고 축축한 여름이 서늘하고 높은 하늘에 구름 한 점 없는 가을로 바뀌어 갈 때쯤이었다. 친구와 함께 시내에 있는 카페에 갔다가 제민천을 걸었다. 제민천이 우리에게 준 선물은 풀꽃이 우거진 냇가에서 노는 오리 떼를 만난 것, 그리고 벽의 틈 사이에 아슬하게 자리를 잡아 아름답고 숭고하게 피어난 꽃. 오랫동안 꽃잎을 펼치고 향긋한 향기를 뽐내서 이 길을 지나가는 사람들이 이 꽃을 보고 용기를 얻었으면 좋겠다는 생각이 들었다.

무심코 걸었던 제민천과 관심을 두고 걸었던 제민천, 모두 나에게 새로운 경험과 새로운 추억, 새로운 배움을 주었다. 관심이란 대단한 것이 아니라 잠깐 가 닿는 눈길 같은 것인가보다. 처음에는 무심히 스쳐 갔다가 잠깐 눈길이 머물고 그러다 발이 멈추어지고, 골똘하게 바라보게 되는 것. 처음부터 거기 놓여 있던 선물을 발견하는 것. 물오리랑 벽틈의 풀이랑 셔터에 그려진 민들레꽃처럼 말이다.

초등학교 시절의 놀이터 제민천

남이솔 3학년

초등학생 때 저는 학교가 끝나고 나면 시간이 남아 거의 제민천에서 시간을 보내곤 했어요. 부설초등학교 밑에 있는 제민천은 시원한 굴다리가 있어서 무더운 여름엔 다들 거기로 피신하곤 했어요.

오늘 제가 가서 찍은 제민천이에요. 꽤 예쁘지 않나요?

야행이 열리는 제민천

친구들과 물놀이를 했던 기억이 나요. 추운 겨울엔 찬 손을 호호, 불어가며 눈싸움을 했고요. 제민천을 깨끗한 놀이터라고 생각한 건 초등학교 3학년까지였던 것 같아요. 물이 더러워졌다는 느낌이 생기고 나서부터 우린 제민천에 들어가지 않았어요. 오늘 제민천 거리를 정말 엄청 오랜만에 와보았어요. 어릴 때 생각이 많이 나고 그때 물에서 정신없이 놀던, 순수했었던 우리가 그리웠어요.

제민천은 금학동부터 시작해서 금강까지 4km 정도 되는 꽤 긴 하천이에요. 제민천 바로 위 길에서 야행이라는 행사를 한 달에 한 번씩 해요. 공주 시민들이 모여 프리마켓도 하고 먹거리도

사 먹는 소소한 행복을 주는 행사인데요. 야행이 열리는 제민천이 정말 좋아요. 제민천을 찍으면서 주변 골목을 걸었어요. 와보지 못한 사이에 제민천이 많이 달라졌어요. 옛날 교복 체험존도 생겼고 예쁜 벽화가 그려져 있어요.

특히 벽에 씌어 있던 나태주 시인의 시, '마음의 땅'이 마음에 와닿았습니다. 가장 좋았던 구절은 "공주에서 사는 것이 그에게는 평생소원"이에요. 저도 공주가 좋아요. 공주는 정말 예쁜 곳이에요. 저처럼 생각하시는 분들이 많았으면 좋겠어요.

제민천의 봄 여름 가을, 겨울

오태경 3학년

우리 집은 제민천 옆에 있습니다. 봄엔 제민천 윗길 양옆으로 벚꽃이 피어납니다. 학원에 갈 때마다 물 흐르는 소리, 바로 눈앞에서 떨어지는 벚꽃잎이 학원 가기 싫은 제 마음을 사르르 녹여줍니다. 꽃잎을 잡으려고 뛰다 보면 정신도 몸도 맑아지는 듯한 기분이 들어 좋습니다. 제민천 아래 양 옆길에는 봄의 향기를 맡은 새싹들이 밖으로 나오는 모습이 푸릇푸릇합니다.

2020년도 여름은 장마가 길었습니다. 비가 엄청나게 와서 댐을 풀어 제민천의 물이 많아졌습니다. 제민천 물이 불어난 건 처음 봐서 신기했습니다. 산책길이 잠기고 물의 속도도 엄청나서 약간은 두렵기도 했습니다. 제민천의 여름은 풍성해진 풀들이 눈을 시원하게 씻어주는 것 같습니다. 분홍분홍한 벚나무들도 모두 초록 잎으로 무성해졌고 밤에 산책하는 사람들이 많아졌습니다.

제민천은 가을에 가장 보기 좋다고 생각합니다. 하늘의 구름도 제민천 아랫길의 잔디들도 예쁘게 피어 산책하라고 끌어당깁니다. 제민천 사계절의 마지막은 겨울입니다. 이 사진을 찍었을 때가 눈이 엄청나게 오고 또 안 오고, 겨울이 밀당하던 때입니다. 눈이 와서 그런지 하늘이 추워 보였고 또 다르게는 시원해 보였습니다. 구름도 하늘과 마찬가지로 필터 낀 것처럼 맑아 보였습니다. 제민천과 같이 어우러진 겨울 하늘은 정말 하나의 작품같이 아름답습니다. 제민천 윗길 나무들은 앙상하게 가지만 남아있고 제민천 아래 길은 눈과 놀고 있는 잡초들이 보입니다. 올라가는 계단에도 눈이 조금 쌓여있어 미끄러질까 조심하게 되고 집 가는 길에 발목 잡는 풍경입니다. 제민천 풍경이 아름다운 계절은 개인적으로 봄과 겨울 같습니다. 봄에는 벚꽃이 분홍하게 펴있고 겨울에는 채도가 파래서 보기 좋습니다. 얼른 겨울이 왔으면 좋겠습니다.

도시락 먹기 가장 좋은 제민천

박초빈 3학년

제가 공주에서 가장 좋아하는 장소는 바로바로~ 제민천. 저는 제민천을 조사하러 괜찮은 곳을 찾아 돌아다니던 중, 무척이나 길다는 것을 느꼈습니다. 그래서 얼마나 길까 알아본 결과! 무려 4.21km나 된다고들 하더군요. 언제 한번 끝까지 가보고 싶단 생각을 했었지만, 시도하지 않아서 다행이네요~ 솔직히 생각 없이 걸었던 길들이라 뭔가 더 있을까 싶어 더 알아 왔는데요, 이 길고 긴 제민천에는 예상외로 깊은 역사가 숨어 있더라고요.

제민천의 이름 뜻은 민중, 백성을 돕는다는 의미라고 해요. 백제 때 유래되었다는 말이 있는데, 백제가 일본에 전한 것이 바로 양쪽으로 제방을 쌓고 그곳을 높여 수재로부터 하천 변을 보호하는 기술이었다네요. 아마도 도읍을 정한 당시에 금강의 범람을 막기 위해 제방을 쌓은 것이 아닌가 하는 추측들도 있답니다.

그럼 이제 대략 이야기를 들었으니 제가 추천하는 장소를 소개해 드립니다. 우선 첫 번째로 소개할 곳은 바로 이곳! 학교 가는 길의 다리 밑으로 내려가서, 오른쪽을 쭉 걷다 보면 나오는 장소에요. 이 길 따라 천천히 산책하다 보면 옆에서는 물이 졸졸 흐르는 소리도 들리고, 가끔 풀 너머를 자세히 살펴보면 오리들이 물놀이 하는 장면도 종종 발견할 수가 있답니다. 저는 이곳이 꽤나 마음에 들어서 그림으로도 그려봤습니다. 실제와 많이 다르기도 하고, 역시 원본이 훨씬 마음에 들기도 해서 그리 만족스럽지는 않지만, 그림을 보며 제민천을 다시 한번 떠올릴 수 있을 것 같아 뿌듯합니다.

그리고 두 번째로 소개할 곳은~ 바로 이곳! 다리 밑입니다. 일단 다리 밑이라는 것이 좋고, 적당히 앉을 곳도 있어 시원하게 휴식을 취할 수 있어 힐링할 수 있는 곳이랍니다. 다리 그림자 덕분에 물에 하늘이 짙게 비치고, 물속을 자세히 들여다보면 작은 물고기들이 요리조리 헤엄치는 모습들도 볼 수가 있어요. 잠자리 같은 곤충들도 물에 잠깐 닿았다가 날아가고, 새들도 잠깐 쉬었다가는 이곳은 제가 제민천을 직접 찍고 돌아가는 길에 그늘에 홀려 마치 원래 가야 했던 것처럼 그곳에 앉아 쉬었던 곳이랍니다. 피곤한 현실에서 벗어나 오랜만에 느낀 편안함에 그만, 그렇게 한 시간을 그곳에서 주변을 둘러보며 보내버렸답니다. 이런 곳에서 도시락을 친구와 함께 먹으면 얼마나 맛있을지. 상상만 해도 행복해요! 이상으로 시간 날 때 한 번쯤 와서 쉬고 갈 수 있는, 제민천 소개를 마칠게요. 봐 주셔서 감사합니다!

어릴 적 나의 놀이터, 제민천 생태습지

이하린 3학년

제민천은 금학생태공원에서 시작해 공주의 중심을 가로지르고 금강으로 흘러 들어가는 하천인데요, 물이 맑아서 피라미와 송사리가 살아요. 가끔 오리들도 볼 수 있어요. 제민천 길을 쭉 따라 올라가다 보면 공주여자고등학교 지나서 제민천 생태습지가 나오는데 이곳은 제가 초등학생 때 자주 놀던 곳이랍니다. 오랜만에 사진을 찍으러 내려가 보니 추억이 돋아나네요.

먼저 왼쪽 입구로 가보면 길 아래에 통로가 있습니다. 지금 들어가도 꽤 자리가 남는 넓은 통로인데요, 돗자리를 깔고 엄마가 싸주신 과일을 먹으며 비밀 아지트처럼 사용했어요. 그늘이 있어 친구들과 양말을 벗고 물에 들어가 다슬기를 잡으며 지쳤을 때 햇빛을 피해 쉬기 딱 좋은 장소였죠. 15명은 족히 앉을 수 있는 꽤나 큰 정자도 근처에 있는데요, 친구들과 같이 술래잡기와 같은 게임을 할 때 감옥이나 술래의 시작점으로도 사용했어요. 아이엠그라운드, 마피아 게임도 했고 앉아서 수다를 떨기도 했습니다.

제민천 생태습지 주변에는 화살나무들이 심어있는데요, 가을이 되면 그 화살나무 나뭇잎이 주황색으로 물이 들어요. 정말 예쁘답니다. 이제 조금 있으면 나무들이 물이 드는 시기가 올 거예요.

나의 오랜 친구, 공산성

소유빈 3학년

어린 시절, 아빠와 함께

저의 오랜 친구 공산성을 소개합니다. 엄마의 어릴 적 공산성은 자주 오는 소풍 장소였다고 합니다. 늘 소풍은 공산성으로 가서 짜증이 나기도 했대요. 그리고 그때는 공산성 안에 사람들이 살았다고 합니다. 작은 마을이 있었는데 저희 외할머니의 친구이신 왕할머니께서도 공산성 안에서 사셨대요. 누군가에겐 삶의 터전이었을 공산성이 참 신기하기도 합니다.

저에게 공산성은 아주 특별한 존재예요. 편안하며 마음의 쉼터가 되어 주는 곳이랍니다. 저는 어렸을 때부터 엄마와 아빠 손에 이끌려 공산성에 자주 갔어요. 엄마한테 왜 공산성에 자주 데리고 갔냐고 물어보니 엄마는 공산성이 예뻐서 그랬다고 했어요. 봄에는 푸릇하게 피어오른 새싹들과 분홍빛의 벚꽃이 예뻐서 꽃구경하러, 여름엔 올라갈 때 너무 힘들어서 자주 오진 않았대요. 가을엔 떨어지는 낙엽 잎을 보러, 겨울엔 아름다운 눈꽃을 보러 왔대요. 초등학생 때는 공산성에서 가까운 교동초등학교에 다녀서 그런가, 학교에서 단체로 많이 왔어요. 글쓰기 대회에 참여하러 오기도 했고 건강 걷기 프로그램으로 오기도 했어요. 사실 그때는 공산성에 오르는 게 너무 싫었어요. 다리도 아프고 늘 봄~여름 쯤에 와서 무척이나 더웠거든요. 공산성이 본격적으로 좋아진 건 중학생이 되고 나서였어요. 막막한 일이 있거나 생각이 많아질 때면 공산성에 오르곤 했어요. 중학교 1학년 때에는 공주청소년해설사로 활동하기도 했고요.

오랜만에 아빠와 함께 공산성에 올랐는데 가을이라 그런가, 바람도 시원하고 너무 좋았어요. 특히나 공산성을 오르며 바라본 풍경이 참 아름다워요. 가만히 걷다 보면 산새들이 아름다운 노래를 부르고 바람에 서로 부딪히는 나뭇잎 소리도 참 시원해요. 가끔 운 좋은 날에는 산토끼도 보곤 합니다.

쌍수정 앞은 제가 가장 사랑하는 장소에요. 백제 시대 공산성의 건물지였던 곳이에요. 이곳에서 하늘을 올려다보면 꼭 하늘과 내가 맞닿아 있는 느낌이 들어요. 늘 저의 최종 목적지는 쌍수정 앞 이곳이었어요. 이곳은 공산성에서 제일 높다 할 수 있어요. 이곳의 가장자리 쪽으로 가보면 공주시 시내가 훤히 보여요. 어릴 적부터 함께한 공산성은 저와 뗄 수 없는 소중한 친구예요.

쌍수정 앞 건물지

공산성을 만남

양혜진 3학년

오늘 친구와 함께 세계문화유산인 공산성을 올라갔다. 나에게 공산성은 단지 학교 근처의 있는 산일 뿐이어서 그냥 심심풀이 겸 친구와 올라가 봤다. 하필 비가 오는 날이었고 학교 끝나고 온 거라 가방도 무거워 1분 만에 올라온 걸 후회했다. 그렇지만 친구와 열심히 올라갔다. 헉헉대며 숨을 돌리는데 친구가 나를 불렀다. 고개를 들어보니 되게 예쁜 풍경이 내 눈에 들어왔다.

높은 곳에서 보니 우리 학교인 공주여자중학교도 무척 작게 보였고 근처에 있는 공주중학교도 한눈에 보였다. 항상 공산성의 바깥 모습만 보고 안쪽은 한 두세 번밖에 안 들어가 봐서 어디에 뭐가 있는지 잘 몰랐다. 근데 생각했던 것보다 많은 것들이 있어서 좀 놀랐다.

크게 나눠보면 두 개의 장소가 있었다. 한 곳은 여러 체험을

연미산에서 바라본 공산성. 사진 윤여관 선생님

할 수 있는 곳, 다른 한 곳은 예쁜 경치와 쉴 수 있는 의자 등이 있는 곳이었다. 체험할 수 있는 곳에선 동성왕 활쏘기 체험, 만들기 체험 (무령왕릉, 탈 그리기, 나만의 부채) 등을 할 수 있고 귀여운 토끼들도 있어서 지나가다 만날 수도 있다. 그리고 안내소에 매점도 함께 있어 가벼운 간식 정도도 사 먹을 수 있다.

예전에 봉사활동으로 친구와 여기서 체험 도와주기, 매점 운영하기, 쓰레기 줍기를 했었는데 그때 사람도 많아 사람들이 공산성에 많이 온다는 것을 알았다. 공산성에서 여러 가지 체험을 하는 모습을 보니 왠지 모르게 내가 뿌듯했다. 그러나 세계유산인 곳에 쓰레기가 너무 많아 기분이 안 좋았다. 경치가 좋고 쉴 수 있는 공간이 마련된 다른 한쪽에서는 올라오느라 지친 몸과 일상생활의 스트레스를 잊게 해주는 아름다운 풍경이 펼쳐졌다. 그 위에서 작게 보이는 건물들과 둔치 공원 등을 보는 그 순간이 정말 좋았다. 올라올 때 경사가 생각보다 높아 너무 힘들었는데 그 힘듦을 바로 없애주는 풍경과 바람이 조화롭게 나에게 다가와 행복했다. 그리고 여러 개의 정자가 있었는데 그중 한 곳은 '공산정公山亭'이다. 공산정은 다른 정자들과 다르게 주변에 나무도 없고 높이 있어서 멀리서도 눈에 잘 띄는 정자이다. 금강과 금강철교 등 공주의 전경을 한눈에 볼 수 있는 곳이고, 이곳에서 보는 금강의 낙조와 야경은 해외의 아름다운 풍경들을 뺨칠 정도의 아름다움을 갖고 있어 그냥 전망대라 불리다 2009년 공산정이라는 이름이 붙여졌다고 한다.

생각해보니 내가 공산성에 대해 아는 건 백제 때 만들어졌다는 것뿐이었다. 그래서 집에 와 인터넷으로 검색을 해보니 공산성은 동쪽과 서쪽에 보조 산성이 있는 것이 특징이며 원래는 흙으로 쌓았는데 임진왜란 이후 돌로 다시 쌓았다고 한다. 그리고 백제 당시에는 웅진성熊津城이라고 불렸고 고려 시대 이후부터는 공산성, 조선 인조 이후엔 쌍수산성雙樹山城으로 불렸다. 삼국시대부터 지금까지 약 1000년이 넘게, 물론 다시 쌓긴 했지만 무너지지 않고 계속 유지되는 게 한편으론 신기했고 그 시대 사람들은 이렇게 넓고 높고 큰 공산성을 어떻게 지었나 싶다. 중국의 만리장성처럼 많은 사람이 공산성을 만들기 위해 희생하고 다치고 하지 않았을까 싶기도 하다. 현재 건축기술로도 만들기 힘들 텐데 그때는 사람이 하나하나 나무 자르고 돌 옮기고 흙 나르고 했다고 생각하니 그 시대 사람들에게 감사한 마음도 내 맘 한쪽에 담겨있다. 선생님이 내준 힘든 숙제 덕분에 공산성에 대한 생각이 달라져서 다행이다. 내가 만약 계속 공산성에 대해 아무것도 모르고 있었더라면 아직까지 그냥 학교 근처 산으로 생각했을 것이다. 앞으로도 뭔가 머리가 복잡하거나 힘들 때 가끔 올라와서 예쁜 풍경을 바라보며 선선한 바람을 맞고 가야겠다. 뭔가 나만의 아지트가 생긴 기분이다. 다음에 친구랑 와서는 꼭 다른 정자들도 가봐야겠다. 코로나가 끝나면 사촌 동생들이랑 와서 체험도 하면 좋을 것 같다. 나중에 꼭 다시 한번 와야겠다!

백제의 두 번째 방패, 공산성

이정민 3학년

공산성의 주소는 충청남도 공주시 웅진로 280입니다. 일단 가자마자 보이는 것은 아무래도 쭉 이어져 있는 성벽과 그곳으로 가는 회색빛 돌로 이루어진 언덕, 그 옆에 있는 공덕비들입니다.

언덕을 걸어 올라 커다란 입구로 보이는 금서루를 지나면, 푸르른 식물들과 회갈빛의 세 갈래 길이 보이는 장소가 나옵니다. 언뜻 보이는 나무와 초가로 이루어진 건물들과 기와로 지어진 건물들 정면에 있는 길 쪽에 있는 활터까지, 보고 있으면 옛날에는 어땠을지 상상하게 됩니다.

공산성은 백제의 두 번째 도읍지 웅진성으로 추정되고 있습니다. 현재 성벽이 만들어진 형식 중 석성은 대부분 조선 시대 때 만들어졌습니다. 일부는 백제 당시의 성벽도 확인되고 있고 동쪽으로는 아예 토성으로 형성된 구간이 있기도 합니다. 475년, 백제가 고구려에게 한성을 함락당하고 난 후 급하게 도읍지로 삼았던 곳이기에 산세가 험하다고 합니다. 천도하면서 쌓았다고 보기도 하지만 원래 있었던 산성을 활용했을 수도 있다는 견해도 있습니다. 특히 공산성의 바로 서쪽에는 옥녀봉 산성이라는 작은 성이 있

공북루는 물길로 통하는 공산성의 북문이었다

는데, 한성 도읍지 시기에 먼저 축조한 성이라고 추정하기도 합니다.

북벽 안쪽의 평탄한 쪽에 있었던 성안마을은 수 차례의 조사

를 통해 백제, 신라, 고려, 조선 시대에 걸쳐 지속적으로 일반인들이 거주하던 공간이었다는 것을 알 수 있었습니다. 물론 지금은 거주 인구는 모두 성 밖으로 나갔으며 이 부지에서 주거지, 건물지, 우물지, 공방 등이 조사되었습니다. 1997년까지도 마을이 있었지만 이후 진행된 문화재 발굴 및 관광지 개발로 인해 사라졌고 문화재 발굴은 2020년인 지금까지도 진행 중이라고 합니다.

공북루는 옛날에는 금강나루로 나가는 북문이었으나 지금은 그저 공산성의 일부가 되었습니다.

옛날에는 배를 타고 금강을 건너왔기에 정문의 역할을 했으나 지금은 금서루가 입구 역할을 하고 있습니다. 관광객들이 사진을 찍는 곳도, 행사를 하는 곳도, 공산성을 소개하는 팸플릿에 나오는 사진도 금서루입니다. 길의 역할이 달라지니까 문의 역할도 달라지는 것 같습니다. 아마 대부분 금서루가 정문인 줄 알겠죠?

공산성의 옛 사진들을 본 적이 있습니다. 옛날 사진이다 보니까 흑백사진이고 느낌이 뭔가 애매하면서도 지금과는 확연하게 차이가 납니다. 그러나 미래에는 우리가 지금 찍은 사진들도 옛날 사진이라고 하겠죠? 거기다 아무래도 누각이나 문, 정자 같은 것은 나무로 만들어진 거라서 다른 것들보다 빨리 노후화가 될 거고 아무리 보수를 한다고 해도 조금씩 느낌이 달라지겠죠. 옛 사진들을 보다 보니 언제까지나 같은 것은 있을 수 없다, 그래서 우리는 현재를 살아간다는 생각이 듭니다.

공산성에 대해 조금 이야기해보았지만, 아주 짧은 줄거리라고 할 수 있습니다. 그렇기에 저는 직접 찾아가 보고 느끼며 알아가는 것을 추천하고 싶습니다.

공주의 꽃, 공산성

양서린 3학년

안녕하세요? 공주의 꽃, 공산성을 조사한 3학년 양서린입니다. 솔직히 전 공산성을 조사하기 전에는 공산성이 왜 대단한지 알지 못했어요. 크게 관심을 두지 않는 편이었다는 게 맞는 말이겠네요. 근데 요번 과제를 통해 공산성을 알게 되었고, 저의 마음속에서

금강신관공원에서 바라본 공산성

공산성은 '꽃'이라고 정의하게 되었답니다. 그럼 저의 눈으로 본 공산성 이야기, 시작하겠습니다!

짠! 금강 신관공원에서 바라본 공산성 풍경이에요. 이날 비가 와서 좀 우중충해 보이지만, 그래도 공산성의 모습은 잘 보이네요! 멀리서 봐도 성벽이 잘 보여요. 좀 더 가까이 가볼까요?

정문은 아니지만 거의 정문급 대접을 받게 된 금서루예요. 관광객들은 모두 이 문을 통해 공산성으로 들어가지요. 수문병교대식도 이곳에서 하고, 가장 많이 사진에 담기는 문이기도 해요. 비가 오는데도 사람들이 꽤 많이 있어서 놀랐어요. 그만큼 공산성이 가치가 있다는 것을 한 번 더 깨닫게 해줬답니다. 볼 때마다 가슴이 웅장해지는군요.

원래 정문이 아니었지만 지금은 정문 대접을 받는 금서루

공주는 백제의 두 번째 수도인 만큼 백제 건축물과 유적이 많아요. 그중 하나가 바로 공산성이랍니다. 지금 공산성이라고 부르고 있지만 정작 백제 때에는 웅진성으로 불렀다고 하네요. 그러다 고려 시대에는 공주산성 또는 공산성으로 부르다가 조선 인조 이후에는 쌍수산성이라고 불렀다고 해요. 지금 우리는 고려 시대 때처럼 부르고 있네요. 전 몰랐던 내용인데 요번 기회에 알게 돼서 꽤 놀랐어요. 이제 슬슬 안으로 들어가 볼까요?

안으로 들어가 보니 쌍수정이 보이는데요, 쌍수정은 충청도 관찰사 이수항이 인조를 기리기 위하여 세운 정자에요. 조선의 제16대 왕인 인조는 1624년 이괄의 난을 피해 공산성에서 6일간 머물렀는데 당시 인조는 두 그루의 나무 아래에서 난이 끝나기를 기다렸다고 합니다. 그 뒤 난이 진압되었다는 소식을 듣고 기뻐하며 자신이 기대었던 두 그루의 나무, 즉 쌍수에 종3품조선시대 18품계 중 제5등급의 품계. 높은 벼슬이라고 할 수 있음의 벼슬을 내렸어요. 그 후로 공산성을 '쌍수산성'으로 불렀는데요, 이때의 일을 기념하기 위해 1734년에 쌍수가 있던 자리에 정자를 지었어요. 처음 정자를 지었을 때 당시 이름은 삼가정이었어요. 그 후 여러 차례 중건한 끝에 1903년 정자를 다시 세웠는데 그때 이후 우리가 지금 부르는 쌍수정이 되었어요. 그런데 1970년에 해체한 후 다시 세웠기에 오늘날의 쌍수정과 조선시대의 쌍수정은 다소 차이가 있다고 하네요.

쌍수정, 가서 보니 예뻤어요. 정자와 풍경의 조합이 딱 이루어

조선시대 인조와 관련이 있는 쌍수정. 공산성은 한때 쌍수산성으로도 불렸다

지더라고요!(음식이니? 조합하게) 인조가 여기서 난이 끝나기를 기다리는 이유를 뭔가 알 것 같았어요. 쌍수정에서 풍경을 바라보면 무거운 짐이 있던 마음이 조금이나마 진정되고 안심이 되는 기분을 느꼈거든요. 근데 아쉬운 건 해체한 후 쌍수정을 다시 세우다 보니 오늘날의 쌍수정과 조선 시대의 쌍수정이 차이가 있다는 것이에요. 조선 시대에 가서 원본을 보고 싶네요.

서북쪽 정상에 있는 정자 공산정입니다. 공산정에서는 유유히 흐르는 금강과 금강교 등 공주의 전경을 한눈에 볼 수 있는 곳입니다. 특히 이곳에서 볼 수 있는 금강의 낙조해가 지면서 퍼지는 햇빛와

비 오는 공산정

야경은 빼어난 아름다움을 자랑합니다. 공산정에 관한 기록은 구체적으로 남아 있지 않으나 18세기 후반의 '후락정'이 있었던 곳입니다. 지금의 공산정은 새롭게 만든 것으로 이전에는 유신각 또는 전망대 등으로 불렸다고 해요. 지금 공산정은 시민 공모를 통해 생긴 이름입니다. 자기 이름이 막 바뀌니 정자가 참 심란할 것 같네요. 정자에 가서 보니 금강과 금강교의 전경이 너무 예쁘게 보이더라고요. 공산정에서 전경을 보며 공산성 조사하길 잘했다는 생각을 했답니다. 이런 예쁜 전경도 보고, 무엇보다 공산성에 대해 조금이나마 더 배우고 가니까요. 하지만 이렇게 예쁜 공산정에 대한 기록이 많이 남아 있지

공산성의 정문, 진남루

않아 아쉬웠답니다.

다 둘러본 다음 마지막으로 진남루를 보러 왔습니다. 공산성의 출입통로로 이용되고 있는 진남루는 성의 남문에 해당합니다. 앞면 3칸, 옆면 2칸 규모로, 지붕은 옆에서 볼 때 팔자 모양인 팔작지붕입니다. 높은 석축 기단을 좌우로 대칭시켜 조성한 후, 두 석축 기단에 걸쳐 건물을 세워 2층 누각의 효과를 내고 있습니다. 진남루는 조선 전기에 세운 것으로 알려져 있지만, 그 뒤에도 여러 차례 고쳐졌습니다. 우리가 보고 있는 진남루는 1971년에 전부 해체하여 원래대로 복원한 것이죠. 문에도 신경을 기울인 모습이 보이는 것 같았어요. 조사한 것처럼 잘 보니 2층 누각의 효과를 내고 있더라고요. 신기해서 계속 쳐다봤답니다.

처음 이 과제를 하라 할 때 막막했어요. 전 공주에서 16년을 살아왔지만 공주에 대해서는 모르는 게 많았거든요. 특히 공산성은 더욱 더 몰랐죠. 제가 볼 때는 문이건 정자건 다 비슷해 보였거든요. 하지만 요번 배움을 통해 공산성에 대해, 백제의 옛터였던 공주에 대해 조금이나마 더 알고 느낄 수 있었어요. 이제는 뭐가 다른지 확연히 알 수도 있고요. 만약 이 과제가 없었더라면 저는 아직까지 공산성에 대해 알지도 못한 채 지나갔겠죠? 이런 배움의 과제를 내주셔서 감사합니다. 아, 그리고 공산성을 갔다 오고 나서 작은 소망 하나가 생겨났답니다.

그건 바로, 코로나가 종식되면 공산성으로 나들이 가는 것이요! 정자에서 마스크를 벗고 상쾌한 바람을 쐬며 파란 하늘을 마음껏 쳐다보는 걸 하고 싶습니다. 하루 빨리 이 시국이 좋아져 다들 마스크를 벗고 자유롭게 공주에 찾아와 백제의 아름다움이 물씬 느껴지는 문화재를 보고 저처럼 어떠한 감동을 받았으면 좋겠어요. 저 혼자 이런 감정 느끼기는 아깝잖아요? 좋은 건 다 같이 보고 느끼는 게 좋으니까! 그럼 지금까지 봐주셔서 감사합니다. 매일매일 건강하고, 행복한 하루가 되길 기원합니다.

공산성 뒤집어 보기

이소현, 오태림 1학년

어디로 들어가야 하지?

"공산성에 들어가려면 어디로 들어가야 하지?"

오늘, 12월 12일 토요일 아침 10시. 공주대학교 역사교육과 교수님을 만나 처음 들은 질문이다. 어디로 들어가지? 갑자기 머리가 깜깜해지면서 대답이 안 나왔다.

"문으로 들어가야지."

하면서 교수님이 웃으셨다. 답이 너무 쉬워서 우리도 웃음이 나왔다. 넌센스 퀴즈 같았다.

"공산성의 문이 동서남북에 하나씩 네 개인데, 그중에 우리가 조금 있다 들어가려고 하는 저 문이 서쪽 문 금서루야."

그런데 공산성에 친구들과 놀러 갈 때, 탐방 학습 갈 때 문을 통과하여 들어가고 나왔다는 사실을 생각지도 못하고 공산성에 다녔다는 것이 갑자기 깨달아졌다. 영화 같은 데서 문지기가 창을 들고 성문을 지키고 있는 것을 보긴 했지만, 한문으로 '금서루錦西樓'라고 새겨있는 현판이 붙은 저것이 그 문이라고 생각하지 않았다. 교수님 말씀대로 문이 없는 성은 있을 수 없는 것인데 말이다.

"문은 굉장히 중요한 거야. 문을 왜 만들겠어? 아무나 함부로 드나들지 못하게 하는 거겠지? 그리고 주인이 허락한 장소라는 뜻이 있는 거야. 아무 데로나 드나들지 말고 이곳으로만 다니시오. 하고 말이야. 정해진 문으로 들어오지 않고 담을 넘거나 개구멍으로 남의 집에 들어가는 사람은 어딘가 떳떳하지 않은, 주인이 원치 않는 사람이겠지. 담과 문은 말하자면 들여보내도 되는 사람과 그렇지 못한 사람을 걸러내는 장치야. 그래서 옛날에는 성문을 지키는 사람, 수문장이라고 하지? 굉장히 중요한 인물이었어. 수문장이 성 앞에서 처음 만나는 성의 이미지 아니야? 힘도 세고 잘생기고 말도 잘하는 사람을 수문장 시켰어."

우리가 생각했던 문지기는 덩치가 크고 험상궂은 얼굴을 하고 있었는데 문지기의 진짜 모습은 내 생각과는 전혀 다른 이미지였다. 잘생긴 문지기 이야기를 듣고부터 공산성에 흥미가 생겼다. 경복궁의 수문장 교대식처럼 공산성도 토요일에 대학생 알바생들이 수문장 교대식을 재현 한다고 하는데 우린 한 번도 못 봤다. 한 번 보고 싶다. 교수님께 들은 이야기의 성격을 한마디로 요약한다면, '상식'이라고 할 수 있을 것 같다. '기본'이라고 할 수 있는 너무 나 당연한 것을 교수님은 계속하여 물어보셨고 우리는 기초적인 생각을 하지 않고 일단 모든 것을 '공부'해서 쉬운 질문에 대답을 잘할 수 없었다. 듣고 보면, '아, 그래서 그렇게 된 것이구나.' 하는 생각이 자연스럽게 들었다. 공산성에 올라가 우리가 선 자리에서 동서남북을 알아본 것도 처음이었다.

천안 쪽으로 가는 길은 북쪽, 그곳에 북문인 공북루가 있었고,

우금티 고개를 지나, 부여 쪽으로 가는 길은 남쪽. 공원빌라 쪽으로 시내 사람들이 산책하러 올라오는 길에 만나는 진남루가 남쪽 문이었다. 모든 성의 정문은 남쪽에 있는 것이라서 진남루는 가장 중요한 정문이었고, 옛날에는 진남루에서 공북루로 가는 길이 가장 중요한 길이었다. 지금까지 우린 매표소가 있는 금서루가 정문인 줄 알았는데 신기했다.

봉황중학교 지나 청양쪽으로 가는 길은 서쪽, 관광객들이 주로 올라가는 서쪽 문이 금서루. 그리고 대전 가는 길이 동쪽, 동쪽엔 영동루(동문루)가 있다. 이름에 각각 동서남북의 방향이 들어가 있다는 기초적인 사실도 오늘에서야 처음 생각한 것이다.

물론 백제 시대의 모습이 그대로 남아 있는 것은 하나도 없다. 다 새로 만든 것이다. 여름에 문화해설사 선생님과 탐방 왔을 때 우리는 백제 시대의 기왓장 조각 찾기 미션을 했는데 백제의 기왓

조각이 여기저기 많은 것이 무척 신기했다. 없어진 것들을 새로 만들어 놓고 찾아가고 이야기를 듣고 사진을 찍으면서 우리는 공산성을 중요하게 여긴다. 그럼 지금 우리가 사는 2000년대의 모습도 후세 사람들은 어떻게든 복원하려고 하고 우리처럼 이곳저곳을 탐방하면서 공부하려고 하지 않을까? 그렇다면 원래 있는 것을 부수고 자꾸 새로 만들지 말고 가능하면 잘 보수하면서 사용하는 게 공주의 100년 뒤, 500년 뒤를 위한 선물이 되는 게 아닐까?

공주가 백제의 도읍지가 된 이유는?

"공주가 백제의 도읍지, 지금으로 말하면 수도인데 도읍지가 갖추어야 할 중요한 요건이 네 가지가 있어. 첫 번째가 우리가 지금 가려고 하는 곳과 같은 성城. 두 번째, 왕이 사는 궁궐이 있어야겠지? 그리고 삼국시대에 중요한 세 번째가 절이었어. 사찰이라고 하지. 수도의 백성들은 물론이고 나라 전체의 백성을 교화하고 단결시키기 위해서 큰 사찰을 짓는 게 보통이야. 우리 공주에도 그런 역할을 한 절이 있었는데 어디였을까?"

우린 갑사, 라고 찍었지만, 답은 대통사였다. 사대부고에서 하숙촌 가는 길에 공원처럼 생긴 그 자리가 대통사가 있던 자리라고 하셨다.

"마지막 중요한 요건이 무덤이야. 왕이 죽으면 시시하게 묻는

게 아니겠지? 국가를 상징하는 인물이니까 장례식도 엄청나게 할 뿐 아니라 무덤도 엄청나게 크게 만들어. 거기에 이것저것 껴묻고 말이야. 자, 그럼 성, 궁궐, 사찰, 왕릉, 이 네 가지가 공주에 다 있나, 없나? 그렇지. 그중에 우리가 가는 데가 성이지. 이걸 모르고 공산성에 가면 큰 그림이 안 그려지겠지? 다리만 아프고."

원래는 한양의 한성을 도읍지로 하던 백제가 공주로 내려와 웅진 도읍지의 시대를 시작하게 된 이유는 고구려의 침략 때문이었다. 그건 배워서 잘 알고 있다. 그런데 왜 하필 공주였을까? 백제의 왕족과 귀족들이 쫓겨 내려오다 보니 금강을 건너게 되었다. 그때는 다리도 없었기 때문에 고구려가 쳐들어오더라도 쉽게 강을 건널 수 없고 이쪽에서 공격하기도 방어하기도 쉽다고 백제인들은 판단했을 것이다. 그래서 피난은 공주에서 멈추었고 금강 옆에 튼튼한 담장인 성을 쌓고 궁궐을 지어 새 도읍지로 삼았던 것이다. 살다 보니 공주가 21평 아파트처럼 좁아서 40평 같은 부여로 이사를 하긴 했지만 말이다. 학교 수업 시간에 배산임수에 대해 배운 적이 있는데 배산임수는 산을 등지고 물을 바라보는 자세라는 뜻으로 주택이나 건물을 지을 때 이상적으로 여기는 배치라고 한다. 공산성이 그 적절한 예시인 것 같다. 공산성은 앞에는 강이 흐르고 있어 적이 배를 타고 들어오기가 어려웠고, 뒤에는 산이 있어 쉽게 올라오기 매우 힘든 지형을 갖고 있다. 그러니까 공주가 도읍지가 되는데 가장 중요한 조건은 금강이었던 것이다. 공산성 앞에 있는 까페에서 이렇게 1교시가 끝나고 우린 2교시 수업을 하러 길을 건너 금서루로 향했다.

비석, 도깨비나무, 그리고 금강

금서루로 올라가는 길엔 비석들이 일렬로 서 있었다. 사람들은 그곳을 쳐다보기도 하고 사진도 찍고 갔다. 비석은 당시 관찰사같이 높은 사람들의 것이었다. 공주는 감영이 있던 곳이고, 충청도에서는 제일 큰 도시였기 때문에 공주에서 벼슬했던 사람들이 많았다. 그들이 공주를 떠날 때 그동안 정치를 잘해줘서 고맙다고 공주 사람들이 돈을 걷어서 만들어준 것이다. 지금으로 치면 정치를 잘한 시장이나 국회의원 같은 사람들에게 시민들이 존경의 의식을 표하는 것이라고 할 수 있다.

"그렇다고 하는데 남들이 전하는 것을 그대로 믿는 사람은 바보야. 생각해 봐. 이 많은 비석을 공주 사람들이 정말 마음에서 우러나는 고마운 마음으로 돈을 내서 세워준 걸까? 몇 개는 그럴 수도 있겠지만 다 그렇다고 볼 수는 없는 거야. 공산성에 참 많은 이야기가 전해지는데, 정말 그랬을까? 하고 뒤집어서 생각해 보는 게 중요해. 너는 그 그렇게 생각하는 모양인데 내 생각은 안 그래. 이럴 수 있어야 해."

하고 교수님이 말씀하셨다.

"옛날이나 지금이나 높은 사람들이 있고 그 밑에서 아부하는 사람들이 있고 속마음은 안 그렇지만, 힘 있는 사람들이 하라니까 할 수 없이 하라는 대로 할 수밖에 없는 사람들이 있잖아? 비석에 대해서도 상상해볼 수 있지, 공덕비를 세울 테니 얼마씩 내라, 해서 그 돈으로 비석도 세우고 먼 길 발령 나서 가시는데 노잣돈으로 쓰시라고 얼마 넣어드리기도 하고, 그랬겠지."

이해가 되었다. 지금 우리가 사는 세상에도 이런 일이 자주 발생하는데 그때는 대부분이 못사는 시기였던 만큼 높은 사람에 대한 아부가 더 심했을 것이다. 요즘 문제가 되는 뇌물이 삼국시대에도 있었다니 기분이 찝찝했다. 비석도 세우고 봉투도 주지만 그 속에서 돈을 빼돌리는 사람들도 있었을 것 같다.

"마음에 없는 비석을 세운 사람들이 비석의 곁을 지날 때 아무도 안 보면 어떻게 했을까?"

아마 사람들이 없을 때 발로 차거나 돌을 던지기도 했을 것이다. 유명한 비석 치기는 거기에서 유래된 놀이였다. 자세히 보니 비석들은 오래되어서도 그렇겠지만 정말 금 가고 부서지고 찍히고 상처가 많았다.

"비석은 감영 앞, 시장, 나루터처럼 사람들이 많이 지나다니는 곳에 세우는 것인데 여기 공산성에 이렇게 일렬로 촘촘하게 서 있는 것은 왜 그럴까? 비석의 주인들이 알면 기분 좋겠어? 생각해봐. 자기를 기념하려고 세우는 비석인데. 처음부터 여기 서 있던 것은 아니고 몇 년 전에 공주 곳곳에 있는 비석을 다 뽑아다 여기 공산성에 데코레이션을 한 거지. 사람들이 여기 많이 지나다니기도 하고 또 볼거리를 제공해줘야 하잖아."

비석 치기가 그 비석 치기였다니, 사실 돌치기라고 해도 되는데 왜 비석치기라고 부르는지 궁금한 적도 있었는데 이런 재밌는 유래를 가지고 있다는 것을 알게 되었다. 2교시는 비석 치기 때문에 재미있게 시작되었다.

비석을 지나 금서루에 다다랐다. 금서루의 뻥 뚫린 큰 문은 원래 문이 아니고 일제 때 자동차가 지나다니도록 만든 문이었고 진짜 문은 오른쪽 좁은 돌계단을 올라가야 만나는 문이었다. 교수님의 듣고 보면 쉬운, 듣기 전엔 어려운 질문이 다시 시작되었다.

"문은 반드시 무엇과 연결이 되어 있지? 그게 없으면 문도 쓸데가 없는 거지."

답은 길이었다. 문을 열고 나왔는데 길이 없다면 열고 나온 사람이 얼마나 황당할까?ㅎㅎㅎ

우린 이제 길의 이야기를 듣기 위해 왼쪽 성벽을 따라 공북루 쪽으로 올라갔다. 올라가는 길에 몸을 강 쪽으로 굽혀 고개를 숙인 듯한 큰 나무 한 그루가 있었다. 그 나무는 공산성을 다시 복원할 때 심어 뒀던 것인데 예전에는 도깨비 나무로 불렸다고 한다. 어떤 사람이 성안에서 술을 마시고 누군가와 싸우다 다음날 아침 깨어나 보니 나무와 싸우고 있었다는 이야기가 전해져온다고 한다. 아마 도깨비는 술을 마신 사람에게만 찾아가 겁을 준 것 같다. 나무를 붙잡고 씨름을 하는 술 취한 아저씨를 상상해보니 너무 웃겼다. 우린 드디어 공산성의 포토존에 올라섰다. 금강이 보이고 다리와 신관동과 동서남북으로 뚫린 네 방향의 길이 다 보이는 곳이었다.

공산성의 도깨비나무

"금강을 보면 무슨 느낌이 들어?"

그건 가장 어려운 질문이었다. 사실 아무 느낌도 없기 때문이다. "이쁘다?"하고 약간 거짓말로 답을 만들어보았지만, 금강이 우리에게 별 느낌이 없다는 것을 이미 알고 계신 듯했다.

"아까도 말했지만, 공주는 금강 때문에 생긴 도시야. 배가 닿는 곳을 나루라고 하지? 그래서 우리 공주를 곰나루라고 하는 거잖아? 한자로는 곰웅, 나루 진, 웅진이라고 하고. 공주의 옛 이름이 웅진이었다면, 백제의 도읍이 되기 전에 공주는 나루터 도시였다는 걸 짐작할 수 있겠지. 사람들이 배를 타고 오가다 보면 나루터에 주막도 생기고 집도 생기고, 시장도 생기지. 옛날 사람들이 모여 살기 가장 좋았던 장소가 어디일까? 바로 강 옆이야. 바다보다 물고기 잡기가 훨씬 쉽지. 조개도 많고."

그래서 석장리 금강 옆에 구석기 시대 사람들이 살던 마을이 있었던 것이구나. 옛날 사람들의 삶에서 강이 무척 중요한 의미를 가진다는 것을 배웠다. 금강은 지금의 모습과는 달랐다.우리 할아버지가 젊은 시절에는 물이 깨끗했기 때문에 여름이면 금강에서 수영을 하며 놀다 그 물을 마시기도 했다고 한다. 산업이 발달하고 공장이 생기면서 강물은 더러워지기 시작했고 결정적으로 금강이 오염된 것은 푸세식이었던 화장실이 수세식으로 바뀌면서부터라고 하셨다. 거름으로 사용되던 똥이 생활폐수가 되어 하천으로 강으로 흘러들어 지금은 수영은 생각지도 못하게 되었다. 4대강 댐이 생겨 물의 속도가 느려지면서 강은 더욱 사람들에게서 멀어졌다. 금강에서 놀았던 할아버지 세대는 그 시절이 그립고 아쉬울 것 같다.

길은 땅 위에만 있는 게 아니었다

문은 길과 연결되어 있다고 하셨는데 북쪽으로 뻥 뚫린 공북

아침, 금강교에서 바라본 배다리 흔적. 사진 김금자 선생님

루 앞은 강이었다. 길이 끊어진 것이다. 그게 바로 우리가 가진 선입견이었다. 공북루는 물길로 이어지는 문이었다. 길이란 땅 위에만 있는 것이 아니라 물 위에도 하늘에도 있었다. 자동차가 없었던 때 물건을 실어나르기에 효율이 높은 것은 마차보다 배였다. 물길은 옛사람들에게 아주 중요한 길이었다. 오늘 우리가 금강에서 처음 본 것이 있었는데 그건 '배다리' 흔적이었다. 강 가운데 돌무더기 같은 게 있고 말뚝도 박혀 있는 부분이 있었다. 사실 처음 눈에 들어 온 것이 대부분이었지만, 그중에서도 그 돌무더기가 배다리의 흔적이라는 건 정말 생각지도 못한 것이었다. 1932년 금강철교가 생기기 전 공주 사람들은 배를 타고 강을 건너다녔는데 강을 건너는 사람들과 물건들이 많아져서 배로 감당할 수 없게 되자

배다리. 그림 3학년 정수인

나무다리를 놓았다. 그러나 홍수가 나서 나무다리가 떠내려가고 말았다. 그래서 배를 20~30척 정도 엮고 그 위에 널빤지를 깔아 배다리를 만들었다. 여태껏 그저 강 수위가 줄며 드러난 강의 바닥인 줄 알았는데 배다리였다니 더욱 신기하게 느껴졌다.

공북루에서 배를 타고 강을 건너 서울로 돌아가는 사람들은 누각 위에서 술도 마시고 시를 짓고 노래를 부르면서 이별 세리머니를 하기도 했다. 공북루 누각엔 여러분들의 시와 글이 현판으로 걸려있는데 모두 한문으로 되어 있어서 읽을 수 없었다. 누각과 정자도 중요하지만, 시나 글도 중요한데 좋은 시와 글은 한두 편 한글로 예쁘게 새겨서 세워 두면 좋겠다는 생각이 들었다. 화려하고 다채로운 누각 뒤로 보이는 금강의 푸른 물결은 매우 잘 어울렸다. 예전에도 그렇게 생각을 했던 것인지 공주 학교들의 많은 졸업사진이 두 어울림을 배경으로 삼고 있다.

공북루를 떠나 진남루로 이어지는 길을 걸어갔다. 그 길은 옛날에는 가장 중요한 길이었지만, 지금은 사람들이 강을 바라보며 성벽을 따라 걷기 때문에 이 길은 우리도 처음 걸어보는 길이었다. 길을 걸으며 성이 의미 없어지게 된 이야기를 들었다. 칼과 화살 정도 가지고 적과 싸울 때는 성이 매우 중요했지만, 대포나 미사일과 같은 신무기가 생기자 성안에 모여 사는 것이 안전하지 않게 되었다. 이제 성들은 방어나 공격을 위한 장소가 아니라 이렇게 공원이나 사적지, 관광지로 탈바꿈했다. 2000년까지는 공산성 안에도 마을이 있었다고 한다. 그곳은 성안마을이라 불렸는데 한때는 이곳 공산성이 공주 부자 김갑순씨의 소유였다고 한다. 국가에서 아주 싼값에 그에게 공산성 땅을 불하했다고 한다. 어마어마한 부자라는 사실은 알고 있었지만 공산성 안의 땅까지 소유했다는 것은 처음 안 사실이었다.

인절미와 도루묵에 대한 생각

진남루를 거쳐 성벽을 따라 공주 시내 전경을 바라보며 마지막으로 간 곳은 쌍수정이었다. 쌍수정에선 인조임금 이야기를 빼놓을 수 없다. 인조임금은 이괄의 반란이 일어난 뒤 공산성으로 피신했다. 당시 먹을 것이 없고 배가 고플 때에 임씨가 떡을 만들어 대령했다. 인조임금은 그 떡의 맛에 반했고 임씨가 만든 떡이라 하여 임절미라는 이름도 지어주었다. 시간이 지나며 발음이 어려운 임절미는 인절미가 되었다. 교수님은 이런 이야기들을 들을 때 그런가보다, 하지 말고 그 당시를 상상해보고 이야기의 뒷면을 생각해 보라고 하셨다. '뒤집어 생각하기'를 해보니 좀 어이가 없었다. 난이 일어났다는 것을 보니 임금이 정치를 잘한 것은 아닐테고 또 백성들은 먹을 것이 풍족한 것도 아닐 텐데 임금님이 먹을 것을 두고 맛있다, 맛없다, 한다는 게 좀 그렇지 않나? 인절미

쌍수정 공부

와 비슷한 내용으로는 도루묵이 있다. '말짱 도루묵'이라는 말의 그 도루묵이다. 도루묵 역시 인조임금이 배고플 때 한 백성이 목어를 대령했다. 배가 고팠던 인조는 목어를 맛있게 먹었고 목어의 이름을 은어로 바꾸라 명령하였다. 서울로 돌아간 인조임금은 은어의 맛이 그리워 다시 대령시켜 먹었지만, 그때의 맛이 아니었다. 임금은 실망하여 도로 목어라고 하라고 명령하였다는 일화이다.

쌍수정이란 이름은 '두 그루의 나무'가 있던 자리에 세운 정자란 뜻이다. 임금이 된 지 1년 만에 공산성으로 피난을 와야 했던 인조임금은 두 그루의 나무에 기대어 서서 마음을 달래곤 했는데 얼마 후 반란군을 진압했다는 소식을 듣자 그동안 자기를 위로해주

쌍수정 앞에서 노는 동아리 친구들

었던 나무에 종3품의 벼슬을 내렸다고 한다. 종3품부터 고급 벼슬이 시작되는 것인데 나라와 백성이 어려운 상황 속에서 기분에 따라 나무에게 벼슬을 내리거나 인절미, 도루묵 이야기 등을 볼 때 그렇게 훌륭한 왕은 아니었을 것 같다는 생각이 든다.

공산성은 나에게 (　　　　　　)이다

교수님 이야기를 8교시에 걸쳐 들었다. 새로운 것도 많고 신기한 것도 많았지만 부끄러움이 컸다. 14년을 공주에 살면서 내가 사는 곳에 대해 모르는 것이 너무 많았다. 오늘 아침까지만 해도 어떻게 한 바퀴를 돌 수 있을까 생각했는데 재밌는 이야기를 듣다 보니 시간이 훌쩍 지났다. 걱정이었던 검은 마음이 뿌듯한 흰 마음으로 변한 것을 느꼈다. 오늘은 새로운 것들을 많이 배운 날이다. 오늘 수업을 듣지 않았다면 평생 모르고 살았을 것이라는 생각을 하니 유난히 오늘 하루가 소중하게 느껴진다. 우리 글을 읽고 친구들이 새로 알게 되는 것이 한 가지라도 있다면 광장한 뿌듯할 것 같다. 아침 카페에서 만난 교수님은 공산성은 나에게 무엇인지 빈칸을 채워보라고 하셨다. 당황하는 우리에게 웃으시면서 "공산성은 아직 나에게 아무것도 아니지?"하고 말씀하셨다. 그리고 공부를 하고 알게 된 뒤엔 공산성이 나에게 '무엇'이라는 말이 떠올랐으면 좋겠다고 하셨다. 처음 우리에게 공산성은 물음표 아니면 말 줄임표였다. 사실 그렇게 흥미로운 장소는 아니었다. 공산성은 그냥 웅진백제 시대의 성, 관광지일 뿐이었다. 교수님의 8교시 강의를 듣고 난 뒤 이제 우리에게 공산성은 뿌듯한 느낌표이다. 그리고 공산성에서 배운 가장 중요한 것은 뒤집어 보기, 상식적으로 상상해보기, 이야기의 뒷면을 헤아려보기였다고 생각한다.

무령왕릉에서 만날 수 있는 것

임서현 3학년

무령왕릉은 공주시 웅진동 57에 자리하고 있어요. 웅진 시대 4~5세기 왕족들의 벽돌무덤인데 오랜 시간 발견되지 않았는데도 훼손이 되지 않아 많은 관심을 받았어요.

무령왕릉 입구부터 저를 반겨주었던 건 진묘수였어요. 제대로 알지 못하고 공주의 이곳저곳에서 만날 때마다 돼지랑 하마를 닮은 이상하게 생긴 아이라고 생각했는데 이름이 '진묘수'였네요. 진묘수는 죽은 자를 저승으로 인도하는 상상의 동물이에요. 자세히 보니 입이 크고 뿔도 있고, 날개 같은 느낌의 무언가도 달려 있고 만져보니 거칠거칠하더라고요. 이름도 알았고 만져보기도 했으니 나중에 다시 보게 된다면 너무 반가울 것 같네요.

무령왕릉 체험관에 직접 들어가 보니 정~~말 훼손도 거의 없

진묘수　　　　　　　　　　　　　　무령왕릉 체험관

고 보존이 잘 되어 있었어요. 벽돌을 만져보면서 "와, 이 시대에 이렇게 만드는 게 가능해?"라는 말이 입 밖으로 저절로 나올 정도로 섬세했어요. 왜 세계유네스코 문화유산에 등재되었는지 알 것 같달까요? 무덤이라고만 생각해서 되게 좁을 줄 알았는데 생각보다 넓었어요. 벽돌무덤은 중국 남조의 영향을 받았다고 해요.

여기서 '남조가 뭐지?'하는 분들 계시지요? 남조는 420년 동진에 이어 강남을 건국한 송·제·양·진, 네 왕조를 말해요. 백제가 다른 나라와 교류를 많이 했다는 것을 알 수 있지요. 그리고 무덤 안에서는 무려 4천 6백여 점의 다양한 유물들이 발견되었다고 해요. 동아리 선생님께서 말씀해주셨는데 무덤이 중요한 이유는 삶을

왕비의 금동 신발(왼쪽)과 왕, 왕비의 베개(오른쪽)

엿볼 수 있는 곳이기 때문이래요. 삶과 죽음은 연결되어 있고 죽음을 보존하는 공간에 삶의 흔적을 껴묻기 때문에 후세 사람들은 무덤을 통해 무덤의 주인이 살았던 시대와 그 시간을 살았던 이들의 삶이 어떤 모습이었는지 상상할 수 있는 거예요.

체험관 안에는 무령왕과 왕비의 베개라든지 칼, 역사책에서 보던 청동거울 같은 것이 다양하게 있더라고요. 무령왕의 베개를 자세히 보았더니 나무로 되어 있었고 우리가 흔히 찜질방에서 사용하는 베개와는 차원이 다르게 높고 거대한 느낌이 들었어요. 베개에 벌집 모양으로 금을 붙어놨더라고요. 이뻤지만 항상 저거를 베고 잔다면 목이 뻐근하겠다는 생각도 잠깐 했어요. ㅋㅋ. 왕께서 살아 있을 때 저걸 베고 주무셨다면 목디스크가 걸리셨을 거예요. 왕비님과 이야기도 못하구. 돌아가신 뒤에 머리 부분을 받치는 거라서 저렇게 높겠죠? 장신구는 신라가 제일 잘 만든다고 생각했는데 유물들을 보니 백제가 신라 빰친다는 생각이 들더라고요. ㅎㅎ

실외는 정말 산책하기 좋았던 거 같아요. 나무들도 많고 앉아서 쉴 수 있는 벤치도 있어서 날씨가 맑고 선선할 때 가족, 친구들이랑 와도 정말 좋을 것 같네요. 수호신의 길을 따라 점점 위쪽으로 가다 어느 순간 보면 공주의 멋진 전망을 보여주는 곳에 이미 도착해 있어요. 나무에 가려져 살짝 아쉽지만, 금강도 보이고, 아

기자기한 건물도 보이고, 예쁜 하늘도 보여요. 보는 순간 힘듦이 싹 사라지는 것 같아요. 정말 오길 잘했다는 생각이 들죠. 다 보고 내려가는 길도 나무 그늘 때문에 시원하게 갈 수 있어요. 공주에 살면서 왜 이제야 무령왕릉에 왔을까? 후회가 들 정도로 재밌고 고향의 좋은 추억을 또 하나 만들 수 있어서 좋았어요.

무령왕릉, 내가 가장 좋아하는 장소

배수인 3학년

무령왕릉은 백제 25번째 임금인 무령왕과 왕비의 무덤이에요. 1963년 1월 21일에 사적 제13호로 지정된 송산리고분군 7개 중에 포함되어 있어요. 1971년 7월 7일부터 10월 28일까지 네 차례에 걸쳐 발굴되었는데 송산리 제5, 6호 고분의 침수 방지를 위한 배수로 공사 중에 우연히 발굴된 웅진백제 시대의 고분이라고 해요.

여기서 잠깐! 송산리 5호분 내부에는 벽화가 없지만, 송산리 6호분에는 벽화가 있었습니다. 무령왕릉에서 발굴된 유물은 무령왕의 금제관식, 금귀걸이, 금제 뒤꽂이, 무령왕비 금제관식, 발받침, 무령왕비의 베개, 금귀걸이, 금목걸이, 은팔찌, 청동거울, 석수, 지석 등이 발견되었습니다. 제일 유명한 것은 석수라고 합니다. 석수는 무덤 수호의 관념에서 만들어진 것으로 우리나라에서는 처음 발견된 것입니다. 세계적으로도 흔치 않은 대사건이었던 무령

무령왕릉 전시관에서 공부하는 동아리 친구들

왕릉의 발견은 웅진백제 시대의 타임캡슐을 연 것이라 할 수 있습니다.

제가 좋아하는 장소는 송산리고분군 전시관에 전시되어 있고 벽돌로 되어 있는 무령왕릉 전시관이에요. 돌판을 켜켜이 쌓아서 만들었어요. 실제 모습인 것처럼 표현을 잘했고 확실히 왕의 능이라서 그런지 들어가는 입구도 비교적 편안했고, 전체적으로 내부도 넓고 시원하였습니다. 자세히 보면 벽돌 하나하나 무늬가 새겨진 모습도 볼 수 있어 상당히 신기했어요. 고분군 전시관에 나와서 쭉 걸어 올라가면 실제 무령왕릉과 송산리고분군을 볼 수 있는데 이곳이 제가 두 번째로 좋아하는 장소예요. 진짜 무덤이 첫 번째가 아니라 저에게 두 번째의 장소

무령왕릉 전시관의 벽돌

인 것은 안을 볼 수 없기 때문이에요. 문화재 보전을 위해 입구를 막았어요. 살짝 아쉽긴 하지만, 전시관 내부 관람을 한 뒤에 그 모습을 상상해 가면서 진짜 무령왕릉을 보면 재미가 있어요.

발굴의 실수

원혜주 3학년

송산리 고분군 내에 있는 백제 25대 무령왕과 왕비의 능인 무령왕릉은 유네스코 세계문화유산에도 등재된 유명하고 소중한 유산이다. 1971년, 송산리 벽돌무덤 6호분의 유입수를 막기 위해서 배

왕관을 장식하던 금으로 된 장식품

수로 공사를 하면서 우연히 발견되었는데 연꽃무늬의 벽돌로 쌓은 아치형 벽돌무덤이었고, 많은 유물이 출토되었다. 무령왕릉의 발굴 덕분에 옛날 백제의 생활, 문화, 교류 등을 확인할 수 있었다. 백제 무덤 중에서 유일하게 주인이 확인된 왕릉이며 도굴되지 않은 유적이다. 밝혀지지 않았거나 도굴되었다면 백제의 예술품이나 문화 등을 확인하기 어려웠을 것이다. 특히 무령왕릉에서 백제의 장신구들과 묘비석 등이 발견된 것은 정말 중요한 성과이다. 금제 관장금으로 만든 왕관 장식품 등의 화려한 유물과 중국의 영향을 받은 벽돌 양식의 건축은 정말 대단한 발굴이었다.

이렇게 멋진 무령왕릉에 한 가지 큰 실수가 있었다.

무령왕릉은 무덤이 전부 지하에 있었기 때문에 오랜 세월, 도

무령왕릉을 탐방하는 동아리 친구들

굴과 약탈을 전혀 당하지 않고 온전하게 보존되어 큰 화제가 되었었다. 대부분 무덤은 주인을 알 수 없는 경우가 많은데 무령왕릉은 묘비석에 '영동대장군 백제 사마왕'이라는 정보가 쓰여 있었다. 하지만 국내 학자들이 한 발굴임에도 불구하고 그 과정은 너무나도 후회스러운 결과를 불러왔다. 한 번도 도굴되지 않은 온전하고 귀중한 왕릉을 발견했지만, 현장 사진을 찍고 몇 년은 걸려야 할 발굴조사를 17시간, 하루도 채 되지 않는 시간 동안 끝내버린 것이다. 그 당시, 무령왕릉의 발굴을 취재하던 기자들은 왕릉의 내부로 들어가 사진을 찍기 위해 책임자를 폭행하거나 유물을 파손하기까지 하였다. 유물만큼이나 중요한 유물의 배치 등을 너무나도 부실하게 하였기 때문에 한국 고고학계의 최고이자 최악의 발굴로 꼽히고 있다. 당시 무령왕릉 발굴 책임자였던 서울대학교 김원룡 박사는 후에 무령왕릉 발굴은 자신의 삶에서 가장 큰 수치이자 과오라고 밝혔다. 그 후에 무령왕릉의 중요한 유물 중 하나인 석수 등과 같은 여러 백제 장신구들은 서울로 이송하여 보존하다가 국립공주박물관이 건립되어 공주로 돌아오게 되었다. 한동안 폐쇄했던 무령왕릉은 송산리 고분군 5, 6호와 함께 일반 관광객들에게 1976년 2월부터 공개되었다.

나도 어렸을 때 가족과 함께 무령왕릉에 자주 놀러 갔다. 공주에는 공산성과 마곡사 같은 유적들이 있지만 나는 그중에서도 무령왕릉을 제일 잘 알고 좋아했다. 가끔 학교에서 공주문예회관으로 걸어가게 되면 가는 길에 보이는 무령왕릉이 무척 반가웠다. 어렸을 때부터 지금까지도 무령왕릉은 내 어린 시절을 함께 보낸, 공주에서 제일 정이 가는 장소이다. 지금도 무령왕릉에 방문하면 왠지 모를 뿌듯함과 뭉클함이 들기도 한다. 유물들을 보기 위해 국립공주박물관에도 여러 차례 방문했었다. 언제나 신기하고 찬란한 금제관식들은 몇 년을 봐도 질리지 않는다. 이런 대단한 유적과 유물이 가득한 공주라는 지역에 산다는 것에 내심 자부심을 느끼기도 한다. 더 많은 사람이 공주의 무령왕릉에 역사에 관심을 가지고 나와 같은 큰 감정을 느끼고 방문해주면 좋겠다.

송장배미와 무령왕릉

장승희, 임재현 3학년

무령왕의 어릴 적 이름은 '사마'입니다. 사마의 왕릉은 크고 내부는 예술작품이라고 할 수 있을 정도로 멋있습니다. 벽돌을 하나하나 구워서 쌓았고 껴묻기한 유물들은 사진을 찍어 보면 무척 예쁘게 나올 만큼 화려하고 아름답습니다.

그런데 무령왕릉 근처 공주 금성여고 옆웅진동 247에 송장배미라는 곳이 있습니다. 정식 명칭은 '용못'인데요, 1894년 10월부터 11월까지 있었던 동학농민군 최후의 전투인 우금티 전투에서 관군과 일본군에게 밀리던 농민군이 전사한 곳으로 전해집니다.

용못의 전투는 1894년 11월 9일 농민군이 고마나루에서 충청감영 쪽으로 이동하는 중에 일어났습니다. 용못은 원래 큰 가뭄에도 마르지 않았다는 깊은 못인데 그곳의 논배미에 죽은 농민군들의 시체가 쌓였다고 해서 송장배미라고 한다고 해요. 그곳에서 죽

송장배미의 조각상(조각, 윤여관 선생님). 설치 당시 여고 앞이라서 벌거벗은 조각상에 대한 시청의 걱정이 있었다고 합니다

은 분들은 무덤도 없고 이름도 남지 않았어요. 관광객들의 발걸음은 사적지로 지정된 멋진 무령왕릉으로 향할 뿐, 이곳에 살기 좋은 평등한 세상을 만들어보겠다고 애쓰다 죽은 분들의 죽음터가 있다는 사실은 널리 알려지지 않았어요. 우리도 동아리 활동을 하

비석 뒤로 보이는 논이 송장배미예요

기 전엔 몰랐어요. 이름도 '송장배미'라니 너무 무섭고 우중충해요. 하지만 그래서 더 실감이 나기도 하고요.

왕릉엔 제사도 크게 지내고 좋은 나무들도 많이 심겨 있어요. 그래서 왕릉은 뭔가 훌륭한 분들이 묻힌 곳이라는 생각을 하게 되는 것 같아요. 왕으로 태어나 왕으로 살다 왕으로 죽었을 뿐, 왕이라고 다 훌륭한 것은 아닐 텐데 말이죠. 송장배미는 조그만 터이지만, 크다고 중요하고 작다고 덜 중요한 것은 아니겠죠? 학생들이 무령왕릉 가기 전에, 또는 다녀오다가 꼭 송장배미를 들러 그 차이를 느껴봤으면 좋겠어요. 저희가 느끼는 차이는 송장배미엔 국가 차원의 공식적인 기념이 아니라 일반 사람들의 마음이 와서 머무는 것 같아요. 송장배미의 죽음을 슬퍼하는 동상도 있고 시비도 있어요. 그리고 동학농민전쟁의 의미를 생각하는 사람들이 이곳을 찾아와 술도 따르고 논을 한 바퀴 돌면서 이름 없는 그분들의 이름을 기억하고자 하는 것 같아요.

동아리 선생님 말씀으론 삼국시대나 조선 시대나 평민들에게 왕릉은 지금처럼 거창하지 않았다고 해요. 왕의 무덤은 그냥 왕의 무덤이었다고 합니다. 사적지를 만들고 기념사업을 하는 장소가 아니었대요. 송장배미와 무령왕릉을 비교해보면 죽어서도 차별을 받는다는 생각이 듭니다. 무령왕릉은 원래 평범한 사람들도 같이 묻혀 있는 공동묘지였습니다. 어느 날 갑자기 왕릉이 문화재, 사적지로 바뀌기 시작하고 관광 상품화가 되면서 무덤 주인들을 영웅시하고 추모 행사까지 하기 시작했습니다. 거기에 묻혀 있던 다른 무덤들은 왕릉 구역에서 쫓겨났지요. 정말 좋은 임금님이라면 자기 백성들이 멀리 쫓겨나는 걸 보고 가슴이 아프지 않았을까요? 백성들의 작은 무덤들도 옹기종기 있고 임금님 무덤도 있고 그래야 더 아기자기하고 아름답지 않을까요? 우린 동아리 활동을 하면서 그런 생각을 할 수 있게 되어 좋았습니다. 우리들은 이런 질문을 하고 생각해보기로 했습니다.

첫째, 왕은 무조건 존경받아야 할 대상인가?

둘째, 왕국과 민국은 어떻게 다른가?

셋째, 기념하기제사, 추모제, 사적지 조성 등는 왜 생긴 것인가?

무령왕릉은 잔디도 잘 관리되어 있고 깨끗하고 사진도 잘 나옵니다. 하지만 우리가 산책길로만 생각하고 만다면 무령왕릉은 우리에게 큰 느낌을 주지 못할지도 모릅니다. 왕릉보다 멋진 장소는 얼마든지 많으니까요. 우리는 무령왕릉이 공부하고 토론하는 장소가 되었으면 좋겠습니다. 송장배미의 죽음은 왕도 아니고 귀족도 아닌 평민들이 정의를 실천하기 위해 싸우다 죽은 장소입니다. 돌보지 않고 기억하지도 않는 죽음이 되게 하고 만다면 안된다고 생각합니다. 탐방 활동을 함께 해준 공주대학교 지수걸 교수님은 이렇게 말씀해 주셨어요.

"동학농민군들이 싸우다 죽은 곳은 공주의 다른 곳에도 여러 군데 있어. 이곳 송장배미가 중요한 것은 바로 옆에 왕릉이 있기 때문이야. 송장배미에서 생을 마친 농민군들은 왕의 시대가 아니라 국민의 시대를 살아야 한다고 생각했을 거야. 논 임자였던 어르신이 이 터에 제사를 올려 외로운 영혼들을 위로한 것도 그 마음에 동의했기 때문 아닐까? 왕릉만 들르고 가거나 송장배미에 와서도 그런 생각을 안 하고 그냥 간다면 의미가 없는 걸음을 한 거지."

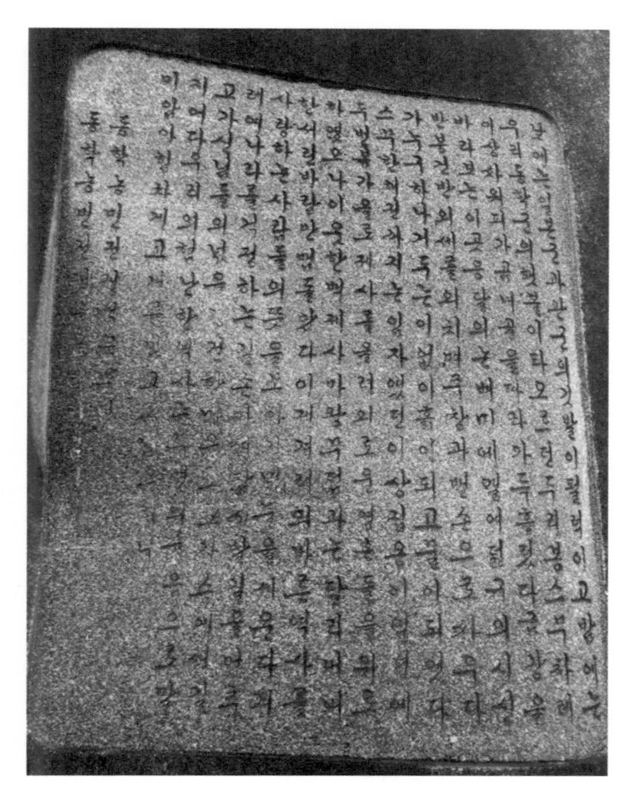

송장배미 비석 뒷면. 이 사진은 인터넷에도 없는 것 같아 잘 안 보이지만 찍었어요

우리가 정말 기념하고 기억해야 할 것에 대해 배운 중요한 하루였습니다. 한 가지 재미있는 에피소드를 들었는데, 송장배미에 조각상을 설치할 때 시청 담당공무원께서 여고 앞인데 벌거벗은 조각상은 곤란하다고 걱정하셨다고 합니다. 그래서 조각상에 팬티를 입혀야 한다고 주장하셨는데 조각가께서 그냥 진행하셨다고 합니다. 그 이야길 듣고 나니 조각상을 한 번 더 보게 되었습니다. 오늘 들은 이야기 중 가장 재미있었습니다. 우리 의견은 팬티

를 입어도 안 입어도 똑같다는 생각입니다. 학생들을 걱정하시는 시청 공무원의 말씀도 고마운 것 같고 조각가도 멋있는 분 같습니다. 이런 이야기도 용못에 함께 전해지면 좋겠다고 생각하여 쓰기로 했습니다.

송장배미는 응달이라서 해가 잘 들지 않아 사진을 찍기 어려웠어요. '동학농민전쟁 전적지 송장배미'라고 새겨진 큰 바위 뒤엔 이런 시가 적혀 있었는데 잘 보이지 않아서 옮겨 적는데 눈이 빠질 뻔했어요. 잘 보이도록 판에 다시 새겨서 옆에 세워 놓는 게 좋겠다고 생각합니다.

낮에는 일본군과 관군의 깃발이 펄럭이고 밤에는 우리 동학군의 횃불이 타오르던 두리봉. 스무 차례 이상 싸워 피가 곰내골을 따라 가득 흘렀다. 금강을 바라보는 이곳 응달의 논배미에 열여덟 구의 시신 반봉건, 반외세를 외치며 죽창과 맨손으로 싸우다가 누구 하나 거두는 이 없이 흙이 되고 물이 되었다. 스물한 해 전까지 논 임자였던 이상집옹이 이 터에 두 번 봄,가을로 제사를 올려 외로운 영혼들을 위로하였으나 이웃한 백제 사마왕 무덤과는 달리 내내 한 서린 바람만 맴돌았다. 이제 겨레의 바른 역사를 사랑하는 사람들의 뜻을 모아 이 비문을 세운다. 겨레여 나라를 걱정하는 길손이여 잠시 발길을 멈추고 가신님들의 넋을 경건한 마음으로 가슴에 새길지어다. 우리의 험난한 역사는 무명의 죽음으로 밑거름 삼아 힘차게 고개를 넘고 또 넘으리라.

동학농민전쟁우금티기념사업회